互联网＋职业技能系列

职业入门｜**基础知识**｜系统进阶｜专项提高

Spring Boot+ Spring Cloud 实战

微课版

Hands-on Spring Boot & Spring Cloud

汇智动力 编著

人民邮电出版社

北京

图书在版编目（CIP）数据

Spring Boot+Spring Cloud实战：微课版 / 汇智动
力编著. -- 北京：人民邮电出版社，2022.10（2024.1重印）
（互联网+职业技能系列）
ISBN 978-7-115-59767-0

Ⅰ．①S… Ⅱ．①汇… Ⅲ．①JAVA语言—程序设计
Ⅳ．①TP312.8

中国版本图书馆CIP数据核字（2022）第131605号

内 容 提 要

　　本书系统地讲解了企业主流开发框架 Spring Boot 以及微服务开发框架 Spring Cloud 的基础知识。全书分为 15 章，包括初识 Spring Boot、Spring Boot 快速入门、Spring Boot 项目属性配置、深入理解 Spring Boot 自动装配和启动类、Spring Boot Web 应用开发、Spring Boot 整合与部署、微服务架构介绍、Spring Cloud 介绍、Spring Cloud 快速入门、深入了解 Eureka、服务网关开发 Zuul、负载均衡器 Ribbon、服务熔断器 Hystrix、Spring Cloud 配置中心，以及 Spring Cloud 项目实战。读者通过本书的学习，不仅可掌握利用 Spring Boot 框架开发企业级应用、搭配 Spring Cloud 实现微服务架构解决方案等基础知识，还可快速积累项目实战经验。

　　本书既可作为高等职业院校计算机相关专业的 Java 开发框架教材，也可作为 Java 培训机构的教材，还可供对 Spring Boot、Spring Cloud 微服务开发感兴趣的人员自学使用。

◆ 编　著　汇智动力
　　责任编辑　赵　亮
　　责任印制　王　郁　焦志炜

◆ 人民邮电出版社出版发行　　北京市丰台区成寿寺路 11 号
　　邮编　100164　电子邮件　315@ptpress.com.cn
　　网址　https://www.ptpress.com.cn
　　北京天宇星印刷厂印刷

◆ 开本：787×1092　1/16
　　印张：14.25　　　　　　　　2022 年 10 月第 1 版
　　字数：364 千字　　　　　　2024 年 1 月北京第 2 次印刷

定价：59.80 元

读者服务热线：(010)81055256　印装质量热线：(010)81055316
反盗版热线：(010)81055315
广告经营许可证：京东市监广登字 20170147 号

前 言 PREFACE

Spring Boot 是用来简化 Spring 应用的初始创建以及快速开发的 Java 主流开发框架之一，它采用"约定优于配置"的理念，从而使开发人员不再需要定义样板化的配置就可以快速地创建并运行一个独立的产品级的应用。Spring Boot 可以以全注解、自动装配的方式进行开发。

本书面向人群

本书主要面向已经具备了 Java 和 Spring 的基础知识，并且想要从事 Java 后端开发相关的工作，但是还没有系统地学习 Spring Boot 和 Spring Cloud 框架的人群。

本书主要内容

本书分为 15 章，接下来将对各章进行简要的介绍。

第 1 章主要介绍 Spring 的发展史、Spring Boot 的组成和特点，以及 Spring Boot 开发相较于传统开发的优点。

第 2 章主要讲解如何创建 Spring Boot 项目，希望读者掌握 Spring Boot 项目的创建方法，能够编写并运行简单应用；还讲解了 Spring Boot 的单元测试、热部署和 Actuator 监控等。

第 3 章主要讲解 Spring Boot 项目中 YAML 的常用配置，以及它的自定义属性、多环境配置和加载顺序等。

第 4 章主要讲解 Spring Boot 项目的自动装配过程和启动过程。

第 5 章主要讲解 Spring Boot Web 应用开发常用注解、JSR-303 校验工具的使用，以及基于 Thymeleaf 的开发过程，并介绍 Spring Boot 中访问静态资源的原理和方式。

第 6 章主要讲解 Spring Boot 整合数据源，Spring Boot 整合 MyBatis、JPA、Redis 等，Spring Boot 项目引入并使用 Spring Security，以及项目打包并部署的方法。

第 7 章主要介绍架构的演进过程——从单体架构到 SOA 再到微服务架构，帮助读者了解微服务架构的功能特点和优势，熟悉微服务开发与传统开发的不同以及微服务对数据库的挑战。

第 8 章主要介绍 Spring Cloud 体系及核心组件，以及 Spring Cloud 架构流程和版本相关知识。

第 9 章主要讲解 Eureka 服务注册与发现，Eureka Server 和 Eureka Client 的搭建过程，以及微服务之间的交互方式。

第 10 章主要讲解 Eureka 的自我保护模式，如何搭建 Eureka 的高可用集群，Eureka 安全认证，以及 Eureka 和 ZooKeeper 的区别。

第 11 章主要讲解网关 Zuul 和 Gateway 的区别，如何使用 Zuul 实现接口统一访问，以及过滤、拦截和限流。

第 12 章主要讲解 Ribbon 的使用、工作原理，以及如何配置负载均衡策略。

第 13 章主要讲解服务雪崩效应产生的原因和应对策略，Hystrix 的使用及其工作原理等。

第 14 章主要讲解 Spring Cloud 配置中心的作用和使用方式，并讲解如何从本地仓库或 Git 仓库读取配置文件。

第 15 章是项目实战，主要讲解一个电商项目的开发过程，包括项目分析、数据库设计、划分微服务模块、模块功能实现以及部署运行等全流程。

致谢

本书的编写和整理工作由成都汇智动力信息技术有限公司完成，参与的全体人员在一年的编写和整理过程中付出了大量辛勤的劳动，在此一并表示衷心的感谢。

意见反馈

尽管我们付出了很大的努力，但书中难免会有不妥的地方，欢迎读者提出宝贵的意见或建议，我们将不胜感激。您在阅读本书时，如发现任何问题或者不认同的地方可以通过电子邮件与我们取得联系，电子邮箱：hzdlbook@cdtest.cn。

编著者

2021 年 12 月

目 录 CONTENTS

第 1 章　初识 Spring Boot

学习目标

- 了解 Spring 的发展史。
- 了解 Spring Boot 的组成和特点。
- 了解 Spring Boot 开发相较于传统开发的优点。

微课 1-0

Spring 是一个由 Rod Johnson（罗德·约翰逊）创建的开源框架。它的出现很大程度上降低了企业应用开发的复杂性。从 Spring 1.0 到完稿时的 Spring 5.3，已经有十多年的历史了。是什么让 Spring 长盛不衰呢？伴随 Spring 4.0 诞生的 Spring Boot 又是一个什么样的框架呢？让我们一起了解 Spring，去探寻开发者的"春天"。

1.1　Spring 发展史

微课 1-1

Spring 起源于 2002 年 Rod Johnson 写的一本书 *expert one-on-one j2ee*。他在书里介绍了 Java 企业应用程序开发情况，并指出了 Java EE 和 EJB（Enterprise JavaBean，企业级 JavaBean）框架中的一些缺陷，还提出了一个基于普通 Java 类和依赖注入的更简单的解决方案。在该书中，他展示了如何在不使用 EJB 的情况下构建高质量、可扩展的在线预留座位系统。为构建应用程序，他编写了超过 30 000 行的基础结构代码，并将项目中的根包命名为 com.interface21，这是 Spring 的前身，因此框架最初的名字叫 interface21。2003 年，Rod Johnson 和同伴在此框架的基础上开发了一个全新的框架，并将其命名为 Spring，字面意思为春天，寓意在传统 J2EE 的"冬天"之后一个新的开始。

1. Spring 1.x 时代

2004 年 3 月 24 日，Spring 1.0 正式问世。Spring 当时只包含一个完整的项目，它把所有的功能都集中在一个项目中，其中包含核心的 IoC（Inversion of Control，控制反转）、AOP（Aspect Oriented Programming，面向切面编程），同时也包含其他的诸多功能，例如，JDBC（Java Database Connectivity，Java 数据库互连）、ORM（Object Relational Mapping，对象关系映射）、事务、定时任务、Spring MVC 等。

Spring 在第一个版本的时候已经支持了很多第三方的框架，例如，Hibernate、iBATIS、模板引擎等。尽管如此，此时的 Spring 除了核心的 IoC 和 AOP 之外，其他的模块大多是对第三方框架的简单封装。此时的 Spring 只支持基于 XML（Extensible Markup Language，可扩展标记语言）的配置。

2. Spring 2.x 时代

2006 年 2 月，Spring 2.0 发布。随着 JDK（Java Development Kit，Java 开发工具包）1.5 带来的注解支持，Spring 2.x 可以使用注解对 Bean 进行声明和注入，可极大地降低使用 XML 配置文件的难度，从而简化项目开发，提高开发效率。此时的 XML 配置主要用于一些项目的基本配置或者集成第三方框架的配置，例如，数据源配置、资源文件配置等。注解开发主要用来替代业务开发的配置，如 Controller 层可以使用@Controller 和@RequestMapping 定义处理器类，可以使用@RequestParam 完成请求参数的绑定等。

3. Spring 3.x 时代

2009 年 12 月，Spring 3.0 发布。Spring 3.x 引入了大量的注解，便于人们更好地使用注解开发，如@RequestBody、@ResponseBody、@CookieValue，以及支持 RESTful 的@PathVariable 等；并且开始提供 JavaConfig 配置方式，可以更好地配置 Bean。

4. Spring 4.x 时代

2013 年 12 月，Spring 4.0 发布。Spring 4.x 全面支持 Java 8，包括 Lambda 表达式，提供了对@Scheduled 和@PropertySource 的支持，引入了新的@RestController。Spring 4.0 提供了空指针终结者（Optional），并对核心容器进行了增加：支持泛型的依赖注入、Map 的依赖注入、延迟依赖注入、List 注入、@Condition 条件注解注入。Spring 4.0 对 CGLib 动态代理类进行了增强，还支持基于 Groovy 的 DSL（Domain Specific Language，领域特定语言）配置，提高了 Bean 配置的灵活性。

5. Spring 5.x 时代

2017 年 9 月，Spring 5.0 发布。Spring 5.x 对环境的最低要求是 Java 8，并支持更高版本的 Java，主要的新特性包括支持使用 Kotlin 进行函数式编程，支持响应式编程模型，对 JUnit 5 有更好的支持和效用提升等。

6. Spring 6.x 时代

2021 年 12 月，Spring 6.0 发布。Spring 6.x 对环境的最低要求为 JDK 17，Tomcat 10/Jetty 11。JDK 17 取代 JKD 11 成为了下一个长期支持的 JKD 版本，增强和完善了 API 和 JVM，使其成为 Spring 6.x 时代更具吸引力的选择。

1.2 Spring 的 JavaConfig 配置方式

微课 1-2

Spring 除了使用在 XML 配置和直接注解式配置之外还有一种配置方式：JavaConfig。它是在 Spring 3.0 开始从一个独立的项目纳入 Spring 中的，从 Spring 4.x 开始，Spring 官方推荐使用 JavaConfig 配置方式替代 XML 配置方式。JavaConfig 配置方式使用的是 Config 类定义，因此可以充分利用 Java 面向对象的功能实现配置类之间的继承、多态。同时它结合了 XML 的解耦和 Java 编译时检查的优点。总之，JavaConfig 可以看成一个 XML 文件，只不过它是使用 Java 编写的。程序清单 1-1 和程序清单 1-2 展示了从 XML 配置方式移植到 JavaConfig 配置方式。@Configuration 表示定义配置类，相当于一个 XML 配置文件。@Bean 表示定义 Bean，相当于 XML 的<bean>标签。

程序清单 1-1

```xml
<?xml version="1.0" encoding="UTF-8"?>
<beans xmlns="http://www.springframework.org/schema/beans"
    xmlns:xsi="http://www.w3.org/2001/xmlSchema-instance"
    xsi:schemaLocation="http://www.springframework.org/schema/beans
http://www.springframework.org/schema/beans/spring-beans-3.2.xsd">

    <bean id="button" class="javax.swing.JButton">
        <constructor-arg value="Hello World" />
    </bean>

    <bean id="anotherButton" class="javax.swing.JButton">
        <property name="icon" ref="icon" />
    </bean>

    <bean id="icon" class="javax.swing.ImageIcon">
        <constructor-arg>
            <bean class="java.net.URL">
            <constructor-arg value="" />
             </bean>
        </constructor-arg>
    </bean>
</beans>
```

程序清单 1-2

```java
@Configuration
public class MigratedConfiguration {
    @Bean
    public JButton button() {
        return new JButton("Hello World");
    }

    @Bean
    public JButton anotherButton(Icon icon) {
        return new JButton(icon);
    }

    @Bean
    public Icon icon() throws MalformedURLException {
        URL url = new URL("");
        return new ImageIcon(url);
    }
}
```

1.3 Spring Boot 介绍

微课 1-3

Spring Boot 是由 Pivotal 团队在 2013 年开始研发，于 2014 年 4 月发布的全新的开源轻量级框架。它基于 Spring 4.0 设计，不仅继承了 Spring 框架原有的优秀特性，而且通过简单的注解和 application.properties 配置文件，避免了使用烦琐而且容易出错的 XML 配置文件，极大地简化了基于 Spring 框架的企业级应用开发的配置。另外，Spring Boot 本身集成了大量的框架，使得依赖包的版本冲突和引用的不稳定性等问题得到了很好的解决。

1.3.1 Spring Boot 核心模块

Spring Boot 由十大核心模块组成：spring-boot、spring-boot-autoconfigure、spring-boot-starters、spring-boot-cli、spring-boot-actuator、spring-boot-actuator-autoconfigure、spring-boot-test、spring-boot-test-autoconfigure、spring-boot-loader、spring-boot-devtools。

1. spring-boot

spring-boot 是 Spring Boot 的主模块，也是支持其他模块的核心模块，主要功能包含以下几点。

（1）提供了一个用于启动 Spring 应用的主类，它的主要作用是创建和刷新 Spring 容器的上下文。

（2）提供了内嵌式的并可自由选择搭配的 Web 应用容器，例如，Tomcat、Jetty、Undertow 等。

（3）支持对配置进行外部化。

（4）提供了一个很方便的 Spring 容器——上下文初始化器。

2. spring-boot-autoconfigure

spring-boot-autoconfigure 能根据类路径下的内容自动配置，提供的@EnableAutoConfiguration 能启用 Spring Boot 的自动配置功能。自动配置功能可以推断开发者可能需要加载哪些 Spring Bean，例如，如果类路径下有一个连接池的包，此时并未提供任何有效连接池的配置，那么 Spring Boot 就知道开发者可能需要一个连接池，并做相应配置。如果开发者配置了其他连接池，那么 Spring Boot 会放弃自动配置。

3. spring-boot-starters

spring-boot-starters 是 Spring Boot 的启动器，它可以一站式打包 Spring 及相关技术应用，而不需要开发者到处寻找依赖和示例来配置代码。开发者只要启动 spring-boot-starters 中的 spring-boot-starter-web 启动器，该模块就会自动配置 Web 应用。

4. spring-boot-cli

spring-boot-cli 是 Spring Boot 的命令行工具，用于编译和运行 Groovy 源程序，使用它可以十分简单地编写并运行一个应用程序。它也能监控开发者的文件，一旦有变动就会自动重新编译并重新启动应用程序。

5. spring-boot-actuator

spring-boot-actuator 是 Spring Boot 提供的执行端点，包括健康端点、环境端点、Spring Bean 端点等。

6. spring-boot-actuator-autoconfigure

spring-boot-actuator-autoconfigure 用于为 spring-boot-actuator 执行端点提供自动配置。

7. spring-boot-test

spring-boot-test 是 Spring Boot 测试模块，为应用测试提供了许多非常有用的核心功能。

8. spring-boot-test-autoconfigure

spring-boot-test-autoconfigure 用于为 spring-boot-test 测试模块提供自动配置。

9. spring-boot-loader

spring-boot-loader 可以用来构建一个单独可执行的 jar 包，使用 java -jar 就能直接运行。也可以使用 Spring Boot 提供的 Maven 或者 Gradle 插件来构建 jar 包。

10. spring-boot-devtools

spring-boot-devtools 是开发者工具模块，主要为 Spring Boot 开发阶段提供一些特性，如修改代码自动重启应用等。这个模块的功能是可选的，仅限于本地开发阶段使用，当用构建的 jar 包运行时这些功能会被禁用。

1.3.2 Spring Boot 的优点和缺点

Spring Boot 非常受欢迎是因为它有以下几个优点。

1. 独立运行

Spring Boot 内嵌了各种 Servlet 容器，如 Tomcat、Jetty 等，现在不再需要构建 war 包部署到容器中，Spring Boot 直接构建一个可执行的 jar 包就能独立运行，所有的依赖包都在一个 jar 包内。

2. 简化 Maven 配置

Spring Boot 提供的依赖极大地减少了 Maven 对依赖的配置。例如，依赖 spring-boot-starter-web 几乎包含所有 Web 开发所需的依赖。

3. 自动配置

Spring Boot 能根据当前类路径下的类或 jar 包里面的类来自动配置 Spring Bean，无须进行其他配置。也可以在 Spring Boot 的配置文件中添加相关配置来自定义装配。

4. 无代码生成和 XML 配置

Spring Boot 配置过程中无代码生成，不需要 XML 配置文件就能完成所有配置工作，这一切都是借助注解完成的，这也是 Spring 4.x 的核心功能之一。

5. 应用监控

Spring Boot 提供的一系列端点可以监控服务，能对 Spring 应用进行健康检测。

Spring Boot 有非常多的优点及特色，且很容易上手。但它也有缺点，主要包括以下两点。

（1）Spring Boot 集成度高，需要开发人员对配置信息非常熟悉，否则错误调试难度比较大。

（2）原始 Spring 项目很难"平滑迁移"至 Spring Boot 框架上，因为有些老旧的 XML 配置无法通过 Java 来配置。此外，原始 Spring 项目大多是用 Tomcat 部署的，如果直接改用 Spring Boot 必须重新制定部署方案，因为 Spring Boot 本身就内置了 Tomcat。

1.3.3 Spring Boot 开发和传统开发对比

在传统开发中，如果需要搭建一个 Spring Web 项目，一般需要经过如下步骤。

① 配置 web.xml，加载 Spring 和 Spring MVC。

② 配置数据库连接、配置 Spring 事务。

③ 加载并读取配置文件，开启注解。

④ 配置日志文件。

⑤ 配置完成之后部署 Tomcat 进行调试。

而如果使用 Spring Boot 只需要非常少的配置就可以迅速地搭建起一套 Web 项目或者是构建一个微服务。例如，由于 Spring Boot 内嵌了 Tomcat 容器，启动项目的时候只需要启动主类就可以了，不用像传统开发那样还要配置 Tomcat。

1.4 约定优于配置理念

微课 1-4

约定优于配置是一种软件设计范式，目的是减少开发者做决定的次数。使用简单、高效的自动配置，可以让开发者更好地专注于业务开发。

简单而言，开发者只需要规定应用中不符合约定的部分。例如，如果模型中有一个名为"User"的类，那么数据库中对应的表默认就是"user"表。只有在偏离这一约定时，例如，将该表命名为"db_user"，才需写有关配置。总之，如果所用工具的约定与自己的期待相符，便可省去配置；如果所用工具的约定与自己的期待不符，则可以通过配置来达到自己所期待的方式。

本章小结

本章首先介绍了 Spring 的发展史，即从 Spring 1.x 到 Spring 6.x，讲解了一个优秀框架的演进史。还介绍了 Spring Boot 的相关基础知识，Spring Boot 是基于 Spring 的产品，Spring Boot 极大地提高了企业应用开发的效率，也是构建微服务的基础。学好 Spring Boot 能为后面学习微服务架构 Spring Cloud 奠定坚实的基础。

本章练习

一、判断题

1. Spring Boot 和 Spring 没有关系。 （　　）

2. JavaConfig 配置方式可以完全取代 XML 配置方式。 （　　）

二、简答题

请列举几个 Spring Boot 的核心模块，并说说它们的作用。

面试达人

面试 1：Spring Boot 有哪些优点？

面试 2：举例说明约定优于配置理念。

第 2 章　Spring Boot 快速入门

 学习目标

微课 2-0

- 掌握 Spring Boot 环境的准备。
- 掌握 Spring Boot 项目的创建过程，能够编写并运行简单应用。
- 掌握 Spring Boot 单元测试、热部署、Actuator 监控等。

第 1 章介绍了强大的 Spring Boot。本章将介绍从环境准备到创建第一个 Spring Boot 项目的具体步骤，然后通过实操了解单元测试、热部署、Actuator 监控等过程。

2.1　环境准备

微课 2-1

Spring Boot 环境准备主要包括安装 JDK、安装 Maven、安装 IntelliJ IDEA。

1. 安装 JDK

JDK 是 Java 编译运行时必不可少的工具。想要编写 Spring Boot 应用，第一步就是安装 JDK。有关 JDK 的安装可以参考 JDK 官方教程。

2. 安装 Maven

Maven 是一个强大的项目管理工具，它能帮开发者创建项目、管理 jar 包、编译代码，还能自动运行单元测试、打包、生成报表，甚至能部署项目。

3. 安装 IntelliJ IDEA

IntelliJ IDEA（以下简称 IDEA）是 Java 的常用开发工具之一，它支持代码自动提示、Spring、各类版本控制工具、JUnit、Maven 等。

2.2　创建 Spring Boot 项目

微课 2-2

Spring Boot 的环境准备好之后，开始创建 Spring Boot 项目。

2.2.1　通过 Spring 官网创建项目

通过 Spring 官网创建 Spring Boot 项目的步骤如下。

① 在搜索引擎中搜索 "spring"，查看搜索结果，找到 Spring 官网，如图 2-1 所示。

② 进入 Spring 官网后，可以看到 Spring 官网页面如图 2-2 所示。单击 Spring 官网页面中的 "QUICKSTART" 按钮。

图 2-1　搜索"spring"并找到 Spring 官网

图 2-2　Spring 官网页面

③ 找到"Step 1:Start a new Spring Boot project"，其含义是启动一个新的 Spring Boot 项目，单击文中的"start.spring.io"链接，如图 2-3 所示。

Step 1: **Start a new Spring Boot project**

Use start.spring.io to create a "web" project. In the "Dependencies" dialog search for and add the "web" dependency as shown in the screenshot. Hit the "Generate" button, download the zip, and unpack it into a folder on your computer.

图 2-3　单击文中的"start.spring.io"链接

④ 进入"spring initializr"页面，如图 2-4 所示，在页面中选择和填写相关内容。

页面中的"Project"表示项目类型，这里保持选中默认选项"Maven Project"。"Language"表示语言类型，这里保持选中默认选项"Java"。"Spring Boot"表示可选版本，这里保持选中默认选项"2.3.5"（截图时间为 2020 年 10 月，将来版本更新后版本会发生变化，这里保持选中默认选项即可）。"Project Metadata"表示项目的配置项，其中"Group"表示项目组织唯一的标识，一般由域、公司名等多个段组成，如"com.hzdl"；"Artifact"表示应用在项目组中的唯一标识，如"myapp-web"；"Name"表示启动应用名；"Description"表示项目的简介；"Package name"表示项目的完整包路径；"Packaging"表示项目的打包方式，这里保持选中默认选项"Jar"；"Java"后的数字表示 JDK 版本，以安装的版本为 JDK 1.8 为例，所以这里选中"8"即可。右边的"Dependencies"表示添加项目的依赖，例如，Web 项目可以添加"Spring Web"依赖。

⑤ 单击"GENERATE"按钮，下载项目包。

图 2-4 　"spring initializr" 页面

⑥ 下载项目包后生成的文件如图 2-5 所示。对该文件进行解压。

⑦ 打开 IDEA，其首页如图 2-6 所示。单击"Open or Import"按钮导入项目。

图 2-5 　下载项目包后生成的文件

图 2-6 　IDEA 首页

⑧ 找到刚刚解压的文件"demo"，单击"OK"按钮，如图 2-7 所示，即可完成项目导入。

⑨ 导入项目后，打开"DemoApplication"启动类，然后单击左边或右上角的启动按钮 ▶ 。在控制台（Console）中可以看到项目已经启动成功，如图 2-8 所示。

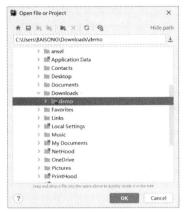

图 2-7　导入项目

图 2-8　项目启动成功

2.2.2　通过 IDEA 创建项目

从 2.2.1 小节可以看到，通过 Spring 官网创建项目非常简单、快捷。当然，也可以直接用 IDEA 来创建，步骤如下。

① 打开 IDEA，单击"File"菜单，依次选择"New"→"Project"，"File"菜单如图 2-9 所示。

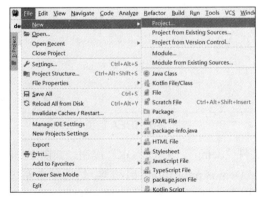

图 2-9　"File"菜单

② 在弹出的"New Project"对话框中，选择"Spring Initializr"选项，如图 2-10 所示。在"Choose starter service URL："中可以看到通过 IDEA 创建的 Spring Boot 项目本质上也是从 Spring 官网生成的。

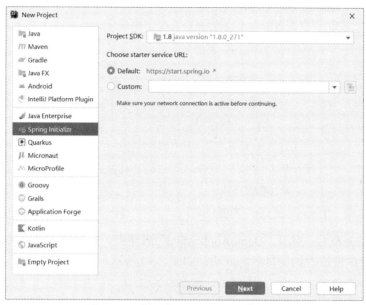

图 2-10　选择"Spring Initializr"选项

③ 单击图 2-10 所示的"Next"按钮，进入"Spring Initializr Project Settings"界面，如图 2-11 所示。设置项和 Spring 官网基本一致。"Group"表示项目组织唯一的标识。"Artifact"表示应用在项目组中的唯一标识。"Type""Language""Packaging"均保持选中默认选项即可。

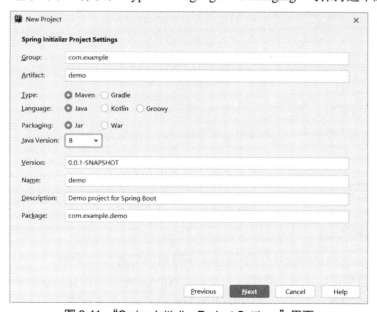

图 2-11　"Spring Initializr Project Settings"界面

④ 单击图 2-11 所示的"Next"按钮，进入"Dependencies"界面，如图 2-12 所示。在对话框中可以选择 Spring Boot 版本并添加 POM 依赖。这里直接单击"Next"按钮即可。

⑤ 在弹出的对话框中设置项目存放路径，如图 2-13 所示。单击"Finish"按钮完成项目创建。

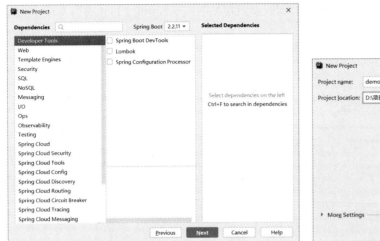
图 2-12 "Dependencies"界面

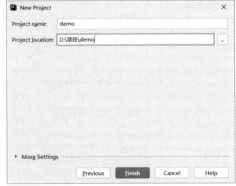
图 2-13 设置项目存放路径

⑥ 项目创建完成后，打开"DemoApplication"启动类，然后单击左边或右上角的启动按钮 ▶ 。在控制台中可以看到项目启动成功，如图 2-14 所示。

图 2-14 项目启动成功

2.2.3 项目结构介绍

本小节对项目结构进行简单介绍。demo 项目结构如图 2-15 所示。

"demo"目录为项目目录。其中，".idea"中存放的是项目配置信息，如字符编码、历史记录、版本控制信息等；".mvn"中存放的是 Maven 的 jar 包和配置文件，作用是保证即使没有安装 Maven 或者 Maven 版本不兼容依然可以运行"maven"命令；"src"是项目的开发目录，用于存放 Java 文件，"main""java"为其固定结构；"com.example.demo"为项目根目录。根目录下是开发者创建的包目录，这些包的数量和命名没有规定。

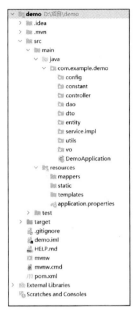

图 2-15　demo 项目结构

在"com.example.demo"根目录下,"config"是 Spring Boot 的 JavaConfig 目录,在这里定义配置类;"constant"中存放常量类。"controller"表示前端控制器层,负责处理前端的请求;"dao"通常也被命名为"mapper",表示数据访问层,负责和数据库交换数据;"dto"表示数据传输对象,用于封装多个实体类之间的关系;"entity"通常也被命名为"bean""domain""model"等,用来存放实体类,基本上和数据库中的表一一对应;"service.impl"表示服务接口层,通过调用数据访问层实现业务功能,然后供前端控制器调用,其中"impl"是它的实现层;"utils"中存放工具类;"vo"表示视图对象,用于封装前端的请求数据;"DemoApplication"是启动类。

"resources"是项目资源目录,用于存放非 Java 文件。"resources"目录中除了"application.properties"文件,都是开发者自己建立的目录,"mappers"中存放 MyBatis 的 XML 映射文件;"static"中存放静态资源,如 HTML、JS 文件及图片文件等;"templates"中存放视图模板,如 Thymeleaf。"application.properties"是项目的配置文件,如配置端口、数据源等。通常项目中配置文件使用的是 YAML 格式,所以这里也可以把项目配置文件改成"application.yml"。

"test"是项目测试目录,用于项目的单元测试;"target"是编译和打包目录,启动项目时里面会生成.class 文件,打包时里面会生成.jar 文件;".gitignore"可见名知意,它是用来配置 Git 时需要忽略上传的文件或目录,如".mvn"和"target"就不需要上传;"demo.iml"是工程配置文件,用于存储模块开发相关信息;"HELP.md"中存放 Maven 和 Spring 的帮助链接。"mvnw"和"mvnw.cmd"分别是 Linux 和 Windows 环境的"mvnw"命令入口,有了这两个文件,就可以在 Linux 的 Bash 和 Windows 的命令提示符窗口中运行"mvnw"命令,"mvnw"命令和 Maven 本身的"mvn"命令的不同之处在于,运行"mvnw"命令时,系统会检查当前 Maven 版本是否和期望一致,如果不一致则先下载期望的版本并放入".mvn"中,然后运行"mvn"命令;"pom.xml"是 Maven 管理项目依赖的配置文件;"External Libraries"是外部依赖列表;"Scratches and Consoles"是临时文件编辑环境,可以写一些文件内容或者一些代码片段。

2.3 POM 文件介绍

微课 2-3

POM（Project Object Model，项目对象模型）是 Maven 项目中的核心文件，采用 XML 格式，名称为 pom.xml。该文件用于管理源码、配置文件、开发者的信息和角色、问题追踪系统、组织信息、项目授权、项目的 URL（Uniform Resource Locator，统一资源定位符）、项目的依赖关系等。在 Maven 项目中，可以什么都没有，甚至可以没有代码，但是必须包含 pom.xml 文件。

一个 pom.xml 的定义必须包含 modelVersion、groupId、artifactId 和 version 这 4 个元素，如程序清单 2-1 所示。当然这其中的元素也是可以从它的父项目中继承的。在 Maven 中，一般使用 groupId、artifactId 和 version 组成 groupdId:artifactId:version 的形式来唯一确定项目。

程序清单 2-1

```xml
<?xml version="1.0" encoding="UTF-8"?>
<project xmlns="http://maven.apache.org/POM/4.0.0" xmlns:xsi="http://
www.w3.org/2001/XMLSchema-instance"
    xsi:schemaLocation="http://maven.apache.org/POM/4.0.0
https://maven.apache.org/xsd/maven-4.0.0.xsd">
    <modelVersion>4.0.0</modelVersion>
        <parent>
            <groupId>org.springframework.boot</groupId>
            <artifactId>spring-boot-starter-parent</artifactId>
            <version>2.3.5.RELEASE</version>
            <relativePath/> <!--lookup parent from repository-->
        </parent>
        <groupId>com.example</groupId>
        <artifactId>demo</artifactId>
        <version>0.0.1-SNAPSHOT</version>
        <name>demo</name>
        <description>Demo project for Spring Boot</description>
        <properties>
            <java.version>1.8</java.version>
        </properties>
        <dependencies>
            <dependency>
                <groupId>org.springframework.boot</groupId>
                <artifactId>spring-boot-starter</artifactId>
            </dependency>
            <dependency>
                <groupId>org.springframework.boot</groupId>
                <artifactId>spring-boot-starter-test</artifactId>
                <scope>test</scope>
                <exclusions>
```

```
                    <exclusion>
                        <groupId>org.junit.vintage</groupId>
                        <artifactId>junit-vintage-engine</artifactId>
                    </exclusion>
                </exclusions>
            </dependency>
        </dependencies>
    <build>
        <plugins>
            <plugin>
                <groupId>org.springframework.boot</groupId>
                <artifactId>spring-boot-maven-plugin</artifactId>
            </plugin>
        </plugins>
    </build>
</project>
```

　　Maven 在建立项目的时候是基于 Maven 项目下的 pom.xml 进行的，项目依赖的信息和其他一些基本信息都是在这个文件里面定义的。当有多个项目要进行配置，并且有些内容相同或者彼此关联时，按照传统方法就需要在多个项目中定义这些重复的内容，这无疑是非常耗费时间和不易维护的。Maven 提供了一个 pom.xml 的继承（从已有的类中派生出新的类，新的类能吸收已有类的数据属性和行为，并能扩展新的能力）和聚合的功能。要继承 pom.xml 就需要有一个父 pom.xml，在 Maven 中定义了超级 pom.xml，任何没有声明自己父 pom.xml 的 pom.xml 都将默认继承这个超级 pom.xml。和 Java 的继承类似，子 pom.xml 完全继承父 pom.xml 中所有的元素，而且对相同的元素，一般子 pom.xml 中的元素会覆盖父 pom.xml 中的元素，但是有几个特殊的元素它们会进行合并而不是覆盖。这些特殊的元素是 dependencies、developers、contributors、plugin，包括 plugin 下面的 reports、resources。

2.4　编写 HelloController 应用并启动

　　本节将介绍如何编写 HelloController 应用，并在浏览器中测试编写好的 HelloController 应用。

微课 2-4

　　① 添加 Web 依赖，如程序清单 2-2 所示。

程序清单 2-2

```
<dependency>
    <groupId>org.springframework.boot</groupId>
    <artifactId>spring-boot-starter-web</artifactId>
</dependency>
```

　　② 在"controller"目录中新建"HelloController.java"文件，然后在该文件中编写代码，如程序清单 2-3 所示。

　　@Controller 加在类前，表示此类为前端控制器，用于处理前端请求。@ResponseBody 加在方法前，表示将该方法的返回结果直接写入 HTTP response body 中，并返回给前端，如果不加则解析为跳转路径。@RequestMapping 加在方法前，表示此方法映射的请求 URL，加在类前也同理。下面的代码表示，当访问的 URL 为 "/hello" 时调用 hello 方法，hello 方法返回 "hello" 字符串。当然，@RequestMapping 中也可以写为 "hello"。

程序清单 2-3

```java
@Controller
public class HelloController {
    @ResponseBody
    @RequestMapping("/hello")
    public String hello(){
        return "hello";
    }
}
```

③ 启动 Spring Boot，在浏览器中输入 "localhost:8080/hello"，按 "Enter" 键查看运行结果，返回 "hello" 则表示编写成功，如图 2-16 所示。

图 2-16　测试 HelloController 应用

2.5　Spring Boot 单元测试

单元测试在 "test" 目录中进行。先创建测试类，在测试类前添加 @SpringBootTest，然后创建测试方法，在测试方法前添加@Test，这样便可通过执行测试方法实现单元测试（在控制台输出 "hello"），如图 2-17 所示。开发者也可以直接运行测试类，运行测试类时会依次执行此类中所有的测试方法。

微课 2-5

![图 2-17 Spring Boot 单元测试]

图 2-17　Spring Boot 单元测试

2.6　Spring Boot 项目热部署

微课 2-6

Spring Boot 提供了一个模块：spring-boot-devtools。它可以使项目根据改动自动编译，即修改代码之后无须重启项目就可以生效，这种特性叫作"热部署"。项目的启动时间通常取决于依赖的 jar 包量、代码量，以及计算机的性能。如果开发的是大型项目，重启项目会非常耗时，所以使用热部署减少重启时间能显著提高开发效率。

配置热部署的步骤如下。

① 添加 devtools 依赖，如程序清单 2-4 所示。

程序清单 2-4

```
<dependency>
    <groupId>org.springframework.boot</groupId>
    <artifactId>spring-boot-devtools</artifactId>
    <optional>true</optional>
    <scope>true</scope>
</dependency>
```

② 将 Spring Boot 的 Maven 插件中的 fork 设置为 true，如程序清单 2-5 所示。这里的 fork 是指 JVM（Java Virtual Machine，Java 虚拟机），默认情况下 fork 为 false，即 Maven 运行自己的 JDK 的 JVM 来进行编译。想要实现热部署就不能使用默认的 JVM，所以需要设置 fork 为 true。

程序清单 2-5

```
<build>
    <plugins>
        <plugin>
            <groupId>org.springframework.boot</groupId>
            <artifactId>spring-boot-maven-plugin</artifactId>
            <configuration>
                <fork>true</fork>
            </configuration>
        </plugin>
    </plugins>
</build>
```

③ 对 IDEA 进行设置。勾选 "Compiler" 中的 "Build project automatically"，单击 "OK" 按钮，如图 2-18 所示。然后，使用快捷键 "Ctrl+Shift+A"，弹出全局搜索框，选择 "Actions"，搜索并选择 "Registry"，如图 2-19 所示。然后勾选 "compiler.automake.allow.when.app.running"，如图 2-20 所示。

④ 验证热部署。先重启 Spring Boot，再把 hello 方法中的返回值修改为 "hello spring boot"，如图 2-21 所示。然后直接返回浏览器窗口，访问 "localhost:8080/hello"，返回的是修改后的值 "hello spring boot"，如图 2-22 所示，则表示热部署配置成功。

Spring Boot+Spring Cloud 实战（微课版）

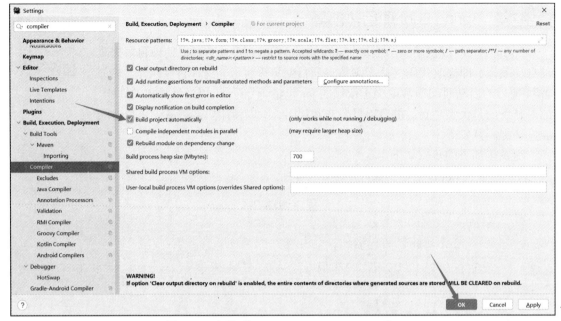

图 2-18　勾选 "Build project automatically"

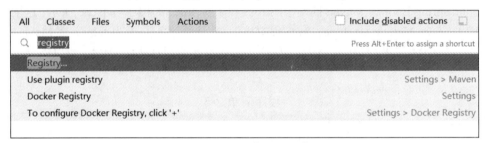

图 2-19　选择 "Registry"

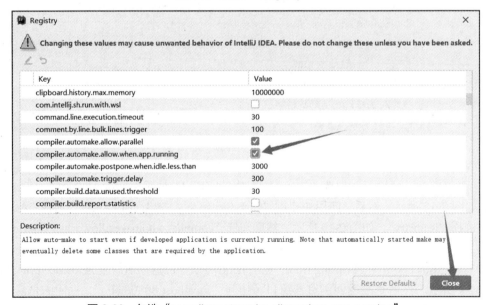

图 2-20　勾选 "compiler.automake.allow.when.app.running"

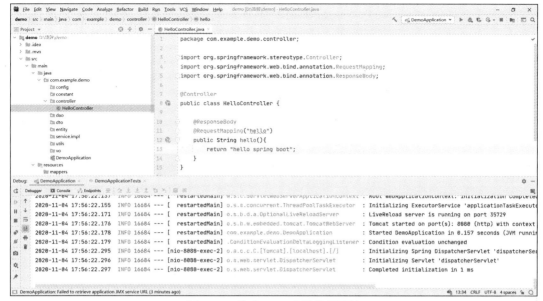

图 2-21　修改 hello 方法的返回值

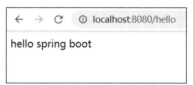

图 2-22　验证热部署

2.7　Spring Boot Actuator 监控

微课 2-7

Actuator 是 Spring Boot 提供的用来对应用系统进行自省和监控的功能模块。Actuator 提供了丰富的端点信息，开发者借助它可以很方便地对系统的监控指标进行查看和统计。

使用 Actuator 监控的步骤如下。

① 添加 Actuator 依赖，如程序清单 2-6 所示。

程序清单 2-6

```
<dependency>
    <groupId>org.springframework.boot</groupId>
    <artifactId>spring-boot-starter-actuator</artifactId>
</dependency>
```

② 重启 Spring Boot，打开浏览器访问 "localhost:8080/actuator"，可以看到 Actuator 默认开启的端点链接，如图 2-23 所示。

③ 如果要查看更多 Actuator 端点，就需要配置 application.properties 文件，如程序清单 2-7 所示。设置 management.endpoints.web.exposure.include 为*时代表开启所有端点，也可以开启指定的端点，不同端点名中间用逗号分隔。shutdown 端点需要单独开启，方法是把shutdown.enabled 设为 true。程序中 health.show-details 设为 always 表示访问 health 端点时展示详细指标。表 2-1 展示了 Actuator 主要的端点路径及其作用。

```
←  →  C    ⓘ localhost:8080/actuator

{
  - _links: {
      - self: {
          href: "http://localhost:8080/actuator",
          templated: false
      },
      - health: {
          href: "http://localhost:8080/actuator/health",
          templated: false
      },
      - health-path: {
          href: "http://localhost:8080/actuator/health/{*path}",
          templated: true
      },
      - info: {
          href: "http://localhost:8080/actuator/info",
          templated: false
      }
  }
}
```

图 2-23　Actuator 默认开启的端点链接

程序清单 2-7

```
management.endpoints.web.exposure.include=*
management.endpoint.health.show-details=always
management.endpoint.shutdown.enabled=true
```

表 2-1　Actuator 主要的端点路径及其作用

端 点 路 径	作　　用
/env	查看全部环境属性
/health	查看应用程序的健康指标
/info	查看应用程序信息
/mappings	查看全部的 URI 路径，以及它们和控制器的映射关系
/metrics	查看应用程序的度量信息，如内存用量、HTTP 请求计数
/beans	查看 Spring 容器中所有的 Bean 信息及其依赖关系
/threaddump	查看线程信息
/loggers	查看日志信息
/shutdown	关闭应用程序

2.8　Banner 标志定制

微课 2-8

　　Spring Boot 在启动的时候会显示 Spring 的 Banner 标志，如图 2-24 所示。Banner 标志可以进行自定义设置。可以使用 BootSchool 网站的 ASCII 工具生成 Banner 标志，如图 2-25 所示，然后把生成的 banner.txt 直接放到 resources 目录下即可。为了验证自定义的 Banner 标志是否生效，可以通过重启 Spring Boot 来查看，如图 2-26 所示。如果没有生效则需要先删除 target 目录再重启 Spring Boot。

```
        .   ____          _            __ _ _
       /\\ / ___'_ __ _ _(_)_ __  __ _ \ \ \ \
      ( ( )\___ | '_ | '_| | '_ \/ _` | \ \ \ \
       \\/  ___)| |_)| | | | | || (_| |  ) ) ) )
        '  |____| .__|_| |_|_| |_\__, | / / / /
       =========|_|==============|___/=/_/_/_/
       :: Spring Boot ::        (v2.3.5.RELEASE)
```

图 2-24　Spring 的 Banner 标志

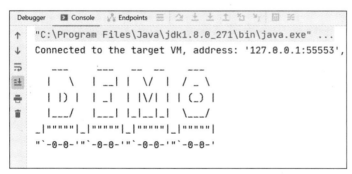

图 2-25　制作 Spring Boot 启动时的 Banner 标志

```
Debugger    ▶ Console    ⚡ Endpoints   ≡   ▵   ±   ±   ↑   ⟲   ⤢   ☰   ⇄

↑   "C:\Program Files\Java\jdk1.8.0_271\bin\java.exe" ...
↓   Connected to the target VM, address: '127.0.0.1:55553',
⇶    ___          ___  __  __  ___  _  __ _
⇟   |   \   |__| | \/ | / _ \
📛   | |) | | _| | |\/| | | (_) |
🗑   |___/  |___| |_|__|_|  \___/
     _|"""""|_|"""""|_|"""""|_|"""""|
     "`-0-0-'"`-0-0-'"`-0-0-'"`-0-0-'
```

图 2-26　验证自定义的 Banner 标志

本章小结

　　本章首先对 Spring Boot 环境需要安装的软件工具进行了介绍，这些工具是开发 Spring Boot 项目的必备条件。其次，介绍了如何通过 Spring 官网和 IDEA 创建一个基本的 Spring Boot 项目，并介绍了通用的项目结构。之后，介绍了重要的项目配置文件 pom.xml 的结构。此外，还介绍了如何通过编写 HelloController 实现基本接口。最后，介绍了 Spring Boot 单元测试和项目配置热部署的过程，以及如何使用 Actuator 监控和定制 Banner 标志。

本章练习

一、判断题

1. 通过 Spring 官网和 IDEA 创建的 Spring Boot 项目没有任何区别。 （　　）
2. application.properties 不是 Spring Boot 项目的配置文件。 （　　）
3. pom.xml 中依赖的 jar 包用<dependency>标签包裹。 （　　）

二、简答题

1. @ResponseBody 的作用是什么？
2. 热部署是什么？它有什么优点？

面试达人

面试 1：如果让你创建一个 Spring Boot 项目，你会怎样划分项目中的包？

面试 2：通过 Spring Boot 的 Actuator 监控能查看哪些信息？

第 3 章 Spring Boot 项目属性配置

学习目标

- 掌握 YAML 语法。
- 熟悉 Spring Boot 常用的 YAML 配置。
- 熟悉 YAML 自定义属性、多环境配置和加载顺序。

微课 3-0

通过第 2 章，读者大致熟悉了 Spring Boot 的基本开发步骤，但是在配置项目的时候，开发者使用的是 properties 格式的文件，当配置的内容过长或者太多的时候，查看和配置就会变得不太方便。所以本章将介绍 Spring Boot 开发中使用的另外一种配置文件格式 YAML。

3.1 YAML 介绍

YAML（Yet Another Markup Language）诞生于 2001 年 5 月，是一种配置文件格式，扩展名为 ".yml"。它可用于多种语言，如 Java、C/C++、Ruby、Python、Perl、C#、PHP 等。

微课 3-1

3.1.1 YAML 的优点

YAML 的第一个优点是简洁。使用 XML、properties 和 YAML 方式配置数据源的程序如程序清单 3-1～程序清单 3-3 所示。可以看到，同样是数据源配置，YAML 就显得格外简洁。所以，写同样的配置，显然用 YAML 花的时间更少。因为 YAML 采用树状结构，所以它的第二个优点便是结构层次清晰，并且配置项可以收起和展开。因此，它比其他类型的配置文件更易于维护。例如，同样是更改数据源配置，YAML 会显得更加直观。

程序清单 3-1

```
<bean id="dataSource" class="org.apache.commons.dbcp.BasicDataSource"
destroy-method="close">
    <property name="driverClassName" value="com.mysql.jdbc.Driver" />
    <property name="url" value="jdbc:mysql://172.0.0.1:3306/db_name" />
    <property name="username" value="root" />
    <property name="password" value="root" />
</bean>
```

程序清单 3-2

```
spring.datasource.driver-class-name=com.mysql.jdbc.Driver
spring.datasource.url=jdbc:mysql://127.0.0.1:3306/db_name
spring.datasource.username=root
spring.datasource.password=root
```

程序清单 3-3

```
spring:
  datasource:
    driver-class-name: com.mysql.jdbc.Driver
    url: jdbc:mysql://172.0.0.1:3306/db_name
    username: root
    password: root
```

补充说明：使用 YAML 方式配置数据源之前需要先引入数据库连接驱动的依赖，如程序清单 3-4 所示。

程序清单 3-4

```
<dependency>
    <groupId>org.springframework.boot</groupId>
    <artifactId>spring-boot-starter-jdbc</artifactId>
</dependency>


<dependency>
    <groupId>mysql</groupId>
    <artifactId>mysql-connector-java</artifactId>
</dependency>
```

3.1.2　YAML 语法

学习 YAML，掌握以下基本原则即可。

（1）对大小写敏感（如果配置项的单词是小写，就不能用大写；如果配置项的单词是大写，就不能用小写）。

（2）使用冒号赋值，即键值对形式，且值和冒号之间间隔一个空格。

（3）"-" 和驼峰命名法（指混合使用大小写字母来构成变量或函数名字的方法）都可以用，如程序清单 3-3 中的 "driver-class-name" 也可写成 "driverClassName"。

（4）使用缩进表示层级关系，同层必须左对齐。

（5）缩进使用空格，空格数无限制，只要同层左对齐即可，不建议使用制表符。

（6）注释以 "#" 开头，只能使用单行注释。

（7）数组元素以 "-" 开头，所有元素也可写在一行，用方括号标注。

（8）字符串可以不用单引号或双引号标注，除非含有特殊字符。

（9）在一个文件中，可同时包含多个文件，用 "---" 分隔。

3.1.3　Spring Boot 常用的 YAML 基本配置案例

如程序清单 3-5 所示，Spring Boot 常用的 YAML 基本配置包括设置服务器端口号、项目根路径、应用名称和数据源等。当开发者把端口号更改为 "8888"，项目根路径更改为 "/demo" 时，访问 hello 接口则应该输入 "localhost:8888/demo/hello"，如图 3-1 所示。当然，记得先重启 Spring Boot。

程序清单 3-5

```
server:
  port: 8888   #设置服务器端口号
  servlet:
    context-path: /demo   #设置项目根路径
spring:
  application:
    name: demo   #设置应用名称
  datasource: #设置数据源
    driver-class-name: com.mysql.jdbc.Driver
    url: jdbc:mysql://172.0.0.1:3306/db_name
    username: root
    password: root
```

```
←  →  C  ⓘ localhost:8888/demo/hello

hello spring boot
```

图 3-1　访问 hello 接口

3.2　YAML 自定义属性配置

在 YAML 中，开发者除了可以使用 Spring Boot 的配置属性外，也可以使用自定义属性。而获取自定义属性的值有两种方式：@Value 和@ConfigurationProperties。对于@Value 方式。首先，在 application.yml 中写入自定义属性，如程序清单 3-6 所示。

微课 3-2

程序清单 3-6

```
student:
  name: 小明
  age: 18
  gender: 男
```

其次，在 HelloController 类中添加代码，如程序清单 3-7 所示。给 HelloController 类添加一个类型为 String 的成员变量 name。name 通过@Value 得到 YAML 中对应的值，注意这里必须用 "${}" 的形式。最后，添加一个 getName 方法，通过返回 name 的值来验证是否能获取到 YAML 中自定义属性的值。如图 3-2 所示，可以看到成功获取到 name 的值。

程序清单 3-7

```
@Value("${student.name}")
private String name;
```

```
@ResponseBody
@RequestMapping("getName")
public String getName() {
    return name;
}
```

图 3-2　验证能否获取自定义属性的值

对于@ConfigurationProperties 方式，是用@ConfigurationProperties 来获取 YAML 中整个 student 对象。首先，需要新建一个类来接收，这里将这个类建立在 entity 目录下。类的命名没有约束，只需要将@ConfigurationProperties 的 prefix 设置为 "student"，并且这个类中属性的名字和 YAML 中 student 的属性名一一对应即可，如程序清单 3-8 所示。其次，在类前添加@Component，表示交给 Spring 容器实例化 Bean，并且属性会根据 YAML 中配置的属性名自动注入类中的属性。

程序清单 3-8

```
@Data
@Component
@ConfigurationProperties(prefix = "student")
public class Student {
    private String name;
    private Integer age;
    private String gender;
}
```

之后，在 HelloController 类中添加代码，如程序清单 3-9 所示。给 HelloController 类添加一个类型为 Student 的成员变量 student，并在前面加上@Autowired，这时 Spring 便能自动装配，也就是 Spring 能帮开发者注入一个实例化好的 student 对象。最后，添加一个 getStudent 方法，通过返回 student 对象来验证是否能获取到 YAML 中自定义属性的值。如图 3-3 所示，可以看到成功获取到整个 student 对象。

程序清单 3-9

```
@Autowired
private Student student;
@ResponseBody
@RequestMapping("getStudent")
public String getStudent() {
    return student.toString();
}
```

综上所述，@Value 适用于获取单一的属性值，而@ConfigurationProperties 适用于获取带有属性的对象。

图 3-3　验证能否获取自定义属性值

注意，Student 类前写了一个@Data，它是 Lombok 的注解，Lombok 是用来简化代码，提高开发效率的一个插件。加上@Data，类就具有了 getter 和 setter 方法，并重写了 equals、toString 等方法。常用的 Lombok 注解还有@AllArgsConstructor、@NoArgsConstructor、@Log4j 等。要想使用 Lombok，需要先添加依赖，如程序清单 3-10 所示。"provided"表示只用于编译和测试，打包时不包含此依赖。然后，需要给 IDEA 安装 Lombok 插件，如图 3-4 所示，在"Plugins"中搜索"lombok"，然后单击"Install"按钮即可。

程序清单 3-10

```
<dependency>
    <groupId>org.projectlombok</groupId>
    <artifactId>lombok</artifactId>
    <version>1.16.18</version>
    <scope>provided</scope>
</dependency>
```

图 3-4　给 IDEA 安装 Lombok 插件

3.3　多环境配置

一个项目通常有 3 种环境，分别是开发环境、测试环境和生产环境。每种环境对应着不同的阶段，开发环境和测试环境顾名思义就是用于开发和测试阶段，而生产环境则用于最终的部署上线，所以也叫线上环境。正因为环境不同，

微课 3-3

所以配置也会有不同之处。例如，开发环境的数据源在本地，而生产环境的数据源则在远程服务器。既然有这么多环境，是不是每次切换都要修改 YAML 呢？当然不用。YAML 提供了多环境配置策略，它有两种写法，一种是将 3 种环境写在一个 YAML 里，另一种就是每种环境都写一个 YAML。

将 3 种环境写在一个 YAML 时，不同环境的配置之间用"---"间隔，如程序清单 3-11 所示，配置 3 种环境的 3 个不同端口。"profiles"表示配置环境名，"active"表示激活哪一种配置环境。通常使用"dev"表示开发环境，"test"表示测试环境，"pro"表示生产环境。

程序清单 3-11

```
spring:
  profiles:
    active: dev
---
#开发环境配置
spring:
  profiles: dev
server:
  port: 8080
---
#测试环境配置
spring:
  profiles: test
server:
  port: 8081
---
#生产环境配置
spring:
  profiles: pro
server:
  port: 80
```

每种环境单独写 YAML 应该怎么写呢？如图 3-5 所示，建立 4 个 YAML 文件，注意每种环境对应的命名，"-"后面跟环境名。在"application.yml"中只写激活哪个配置文件，其他的 YAML 只写相应的配置即可，不用再声明"profiles"。

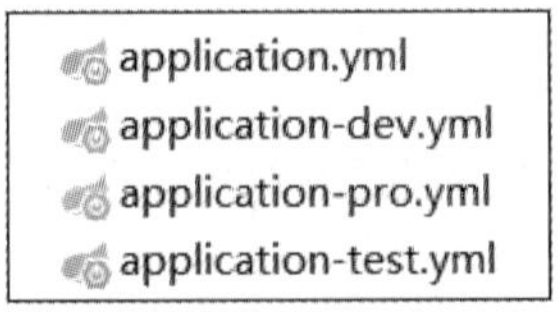

application.yml
application-dev.yml
application-pro.yml
application-test.yml

图 3-5　多种环境的 YAML

使用多环境配置策略，在不同的环境之间切换只需要更改"active"即可，或者也可以把项目打包成 jar 包后，启动时通过命令方式激活指定的环境。将不同环境配置写在一个 YAML 中适用于环境配置差异较小的项目，而写在不同的 YAML 中则适用于环境配置差异较大的项目。

3.4　YAML 配置文件加载顺序

　　配置文件加载顺序要考虑两点，一是配置文件的类型，二是配置文件所在目录。高优先级的配置文件会优先加载，并且会覆盖低优先级的配置文件。首先考虑配置文件的类型，通过查看图 3-6 所示的 Spring Boot 父工程的 POM 可以得知 properties 的优先级高于 YAML。

```
o)   spring-boot-starter-parent-2.3.5.RELEASE.pom ×
<resources>
  <resource>
    <directory>${basedir}/src/main/resources</directory>
    <filtering>true</filtering>
    <includes>
      <include>**/application*.yml</include>
      <include>**/application*.yaml</include>
      <include>**/application*.properties</include>
    </includes>
  </resource>
</resources>
```

图 3-6　父工程的 POM

　　新建一个"application.properties"文件，设置端口为 8080，如图 3-7 所示。此时，YAML 设置的端口还是 8888。重启项目，如图 3-8 所示，可以看到端口为 8080，证明 properties 的优先级高于 YAML。

图 3-7　properties 设置端口

```
INFO 23196 --- [ restartedMain] com.example.demo.DemoApplication              : Starting DemoApplication on LAPTOP-RM0407NO with PID
INFO 23196 --- [ restartedMain] com.example.demo.DemoApplication              : No active profile set, falling back to default profil
INFO 23196 --- [ restartedMain] .e.DevToolsPropertyDefaultsPostProcessor      : Devtools property defaults active! Set 'spring.devtoo
INFO 23196 --- [ restartedMain] .e.DevToolsPropertyDefaultsPostProcessor      : For additional web related logging consider setting t
INFO 23196 --- [ restartedMain] o.s.b.w.embedded.tomcat.TomcatWebServer       : Tomcat initialized with port(s): 8080 (http)
INFO 23196 --- [ restartedMain] o.apache.catalina.core.StandardService        : Starting service [Tomcat]
INFO 23196 --- [ restartedMain] org.apache.catalina.core.StandardEngine       : Starting Servlet engine: [Apache Tomcat/9.0.39]
INFO 23196 --- [ restartedMain] o.a.c.c.C.[Tomcat].[localhost].[/demo]        : Initializing Spring embedded WebApplicationContext
INFO 23196 --- [ restartedMain] w.s.c.ServletWebServerApplicationContext      : Root WebApplicationContext: initialization completed
INFO 23196 --- [ restartedMain] o.s.s.concurrent.ThreadPoolTaskExecutor       : Initializing ExecutorService 'applicationTaskExecutor
```

图 3-8　验证 properties 的优先级高于 YAML

　　最后考虑配置文件所在目录。通过查看 ConfigFileApplicationListener 的属性 *DEFAULT_SEARCH_LOCATIONS* 得知 Spring Boot 会分别扫描 5 个路径，如图 3-9 所示。它们按优先级从低到高排列分别是 "classpath:/" "classpath:/config/" "file:./" "file:./config/*/" "file:./config/"。"classpath" 是指编译生成的 classes 目录的路径，而项目中 java 目录下的包和编译结果就是存放在 classes 中的。又因为 resources 和 java 同级，所以编译后，在 resources 下的配置文件就直接在 classes 下，因此，在 resources 下建立一个 config 目录，里面写的配置文件优先级最高。"file" 其实是指根目录路径，也就是 "com.example.demo" 路径。

```
public class ConfigFileApplicationListener implements EnvironmentPostProcessor, SmartApplicationListener, Ordered {
    private static final String DEFAULT_PROPERTIES = "defaultProperties";
    private static final String DEFAULT_SEARCH_LOCATIONS = "classpath:/,classpath:/config/,file:./,file:./config/*/,file:./config/";
    private static final String DEFAULT_NAMES = "application";
```

图 3-9　Spring Boot 扫描路径

分别在根目录下的 config 和 resources 下的 config 中建立配置文件，如图 3-10 所示。在配置文件中设置不同的端口，根目录下的 config 中的配置文件中的端口是 8082，resources 下的 config 中的配置文件中的端口是 8081，而 resources 下的 properties 中的端口还是 8080。重启项目，如图 3-11 所示，可以看到端口是 8081，证明 resources 下的 config 中的配置文件优先级最高。

图 3-10　在不同目录下建立配置文件

```
INFO 16612 --- [ restartedMain] com.example.demo.DemoApplication         : Starting DemoApplication on LAPTOP-RM0407NO with PID
INFO 16612 --- [ restartedMain] com.example.demo.DemoApplication         : No active profile set, falling back to default profil
INFO 16612 --- [ restartedMain] .e.DevToolsPropertyDefaultsPostProcessor : Devtools property defaults active! Set 'spring.devtoo
INFO 16612 --- [ restartedMain] .e.DevToolsPropertyDefaultsPostProcessor : For additional web related logging consider setting t
INFO 16612 --- [ restartedMain] o.s.b.w.embedded.tomcat.TomcatWebServer  : Tomcat initialized with port(s): 8081 (http)
INFO 16612 --- [ restartedMain] o.apache.catalina.core.StandardService   : Starting service [Tomcat]
INFO 16612 --- [ restartedMain] org.apache.catalina.core.StandardEngine  : Starting Servlet engine: [Apache Tomcat/9.0.39]
INFO 16612 --- [ restartedMain] o.a.c.c.C.[Tomcat].[localhost].[/demo]   : Initializing Spring embedded WebApplicationContext
INFO 16612 --- [ restartedMain] w.s.c.ServletWebServerApplicationContext : Root WebApplicationContext: initialization completed
INFO 16612 --- [ restartedMain] o.s.s.concurrent.ThreadPoolTaskExecutor  : Initializing ExecutorService 'applicationTaskExecutor
```

图 3-11　验证不同目录的配置文件优先级高低

最后还需注意，当 YAML 配置多个环境时，会优先加载含有 "profiles" 的 YAML，加载 "active" 指定的 YAML。

本章小结

本章首先对 YAML 做了简要介绍，通过和 XML、properties 的比较体现了它简洁和结构层次清晰的两大优点，这也是 YAML 作为配置文件应用如此广泛的原因。其次，列举了 YAML 基本的语法以及 Spring Boot 常用的 YAML 基础配置。之后，介绍了获取 YAML 自定义属性值的两种方式，以及多环境配置的两种写法。最后，介绍了 YAML 配置文件的加载顺序。

本章练习

一、判断题

1. YAML 是用来取代 properties 的。　　　　　　　　　　　　　　　　　　（　　）

2. YAML 同一层级的属性必须左对齐。 （　　）

3. properties 不能进行多环境配置。 （　　）

二、简答题

1. YAML 有哪些优点？

2. YAML 有哪些语法要求？

面试达人

面试 1：你做过的项目中使用的是 properties 还是 YAML？你觉得哪个更好？为什么？

面试 2：Spring Boot 项目中 properties 格式和 YAML 格式的文件都配置了，优先加载哪个？

第 4 章　深入理解 Spring Boot 自动装配和启动类

学习目标

- 理解 Spring Boot 项目自动装配过程。
- 理解 Spring Boot 项目启动过程。

微课 4-0

通过第 2、3 章，读者学习了使用 Spring Boot 进行项目的快速开发、配置、测试和部署等，从中可以发现 Spring Boot 项目启动和项目配置简单、便捷，它的这些特点离不开其在启动过程中的自动装配。本章主要介绍 Spring Boot 项目自动装配过程和它的启动过程，帮助读者深入理解并体会 Spring Boot 的编程思想。

4.1　Spring Boot 项目自动装配过程

微课 4-1

Spring Boot 的自动装配是"拆箱即用"的基础，也是微服务化的前提。下面通过阅读源码来了解自动装配是如何实现的。

开发者在编写 Spring Boot 项目时，启动类前有一个@SpringBootApplication。查看项目 demo 的启动类，如程序清单 4-1 所示。然后，按住"Ctrl"键，单击此注解查看它的源码，如程序清单 4-2 所示，可知此注解位于 autoconfigure 包下。回顾 1.3 节，可以知道 spring-boot-autoconfigure 是 Spring Boot 的核心模块之一，它的作用便是实现 Spring Boot 的自动装配功能。按住"Ctrl"键并单击包名"org.springframework.boot.autoconfigure"，可查看 autoconfigure 包，如图 4-1 所示。通过此包可查看 autoconfigure 的结构和源码，后续内容提到的 META-INF 均位于此包。

程序清单 4-1

```
@SpringBootApplication
public class DemoApplication {
    public static void main(String[] args) {
        SpringApplication.run(DemoApplication.class, args);
    }
}
```

程序清单 4-2

```
@Target({ElementType.TYPE})
@Retention(RetentionPolicy.RUNTIME)
@Documented
```

```
@Inherited
@SpringBootConfiguration
@EnableAutoConfiguration
@ComponentScan(
    excludeFilters = {@Filter(
    type = FilterType.CUSTOM,
    classes = {TypeExcludeFilter.class}
), @Filter(
    type = FilterType.CUSTOM,
    classes = {AutoConfigurationExcludeFilter.class}
)}
)
public @interface SpringBootApplication {
    @AliasFor(
        annotation = EnableAutoConfiguration.class
    )
    Class<?>[] exclude() default {};
    @AliasFor(
        annotation = EnableAutoConfiguration.class
    )
    String[] excludeName() default {};
    @AliasFor(
        annotation = ComponentScan.class,
        attribute = "basePackages"
    )
    String[] scanBasePackages() default {};
    @AliasFor(
        annotation = ComponentScan.class,
        attribute = "basePackageClasses"
    )
    Class<?>[] scanBasePackageClasses() default {};
    @AliasFor(
      annotation = ComponentScan.class,
      attribute = "nameGenerator"
    )
    Class<? extends BeanNameGenerator> nameGenerator() default
BeanNameGenerator.class;
    @AliasFor(
        annotation = Configuration.class
    )
    boolean proxyBeanMethods() default true;
}
```

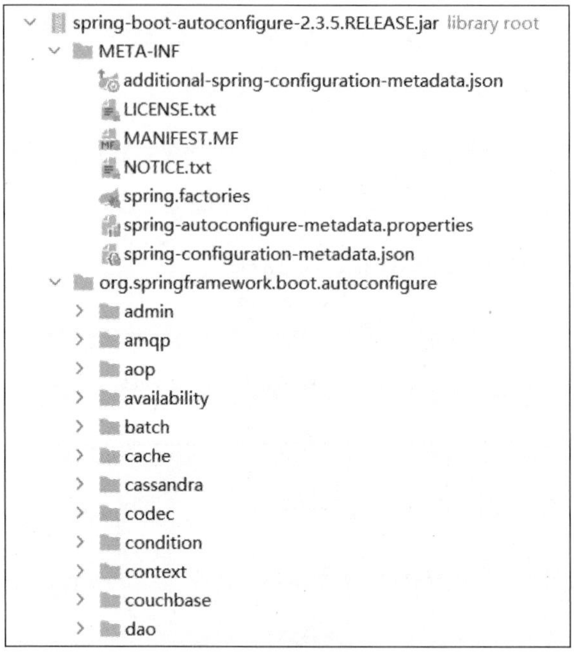

图 4-1　autoconfigure 包

@SpringBootApplication 包含@SpringBootConfiguration、@EnableAutoConfiguration 和@ComponentScan。@ComponentScan 默认扫描的是与该类同级的类或同级的包下所有的类。通过源码得知@SpringBootConfiguration 是一个@Configuration，它的源码如程序清单 4-3 所示。

程序清单 4-3

```
@Target({ElementType.TYPE})
@Retention(RetentionPolicy.RUNTIME)
@Documented
@Configuration
public @interface SpringBootConfiguration {
    @AliasFor(
        annotation = Configuration.class
    )
    boolean proxyBeanMethods() default true;
}
```

由此可以推断出@SpringBootApplication 等同于@Configuration 加@ComponentScan 加@EnableAutoConfiguration。因为加上了@EnableAutoConfiguration，Spring Boot 就会开启自动装配功能，Spring Boot 会在 classpath 下找到所有配置的 Bean 进行装配。在装配 Bean 时，会根据若干个定制规则来进行初始化。@EnableAutoConfiguration 源码如程序清单 4-4 所示。

程序清单 4-4

```
@Target({ElementType.TYPE})
@Retention(RetentionPolicy.RUNTIME)
```

```
@Documented
@Inherited
@AutoConfigurationPackage
@Import({AutoConfigurationImportSelector.class})
public @interface EnableAutoConfiguration {
    String ENABLED_OVERRIDE_PROPERTY = "spring.boot.enableautoconfiguration";
    Class<?>[] exclude() default {};
    String[] excludeName() default {};
}
```

其中，@Import 导入的类是 AutoConfigurationImportSelector，这个类是用于导入自动配置的选择器，通过查看它的源码得知它有一个 selectImports 方法，如程序清单 4-5 所示。该方法调用了 getAutoConfigurationEntry 方法，查看此方法的源码，如程序清单 4-6 所示。

程序清单 4-5

```
public String[] selectImports(AnnotationMetadata annotationMetadata) {
        if (!this.isEnabled(annotationMetadata)) {
            return NO_IMPORTS;
        } else {
            AutoConfigurationImportSelector.AutoConfigurationEntry
autoConfigurationEntry = this.getAutoConfigurationEntry(annotationMetadata);
            return StringUtils.toStringArray(autoConfigurationEntry.
getConfigurations());
        }
    }
```

程序清单 4-6

```
protected AutoConfigurationImportSelector.AutoConfigurationEntry
  getAutoConfigurationEntry(AnnotationMetadata annotationMetadata) {
        if (!this.isEnabled(annotationMetadata)) {
            return EMPTY_ENTRY;
        } else {
            AnnotationAttributes attributes = this.getAttributes
(annotationMetadata);
            List<String> configurations = this.getCandidateConfigurations
(annotationMetadata, attributes);
            configurations = this.removeDuplicates(configurations);
            Set<String> exclusions = this.getExclusions(annotationMetadata,
attributes);
            this.checkExcludedClasses(configurations, exclusions);
            configurations.removeAll(exclusions);
            configurations = this.getConfigurationClassFilter().
filter(configurations);
```

```
                    this.fireAutoConfigurationImportEvents(configurations,
exclusions);
                    return new AutoConfigurationImportSelector.
AutoConfigurationEntry(configurations, exclusions);
            }
        }
```

在 getAutoConfigurationEntry 方法中，首先判断是否装配，其次，从 META-INF/ spring-autoconfigure-metadata.properties 中读取元数据与元数据的相关属性，之后，调用 getCandidateConfigurations 方法，其源码如程序清单 4-7 所示。

程序清单 4-7

```
    protected List<String> getCandidateConfigurations(AnnotationMetadata metadata,
    AnnotationAttributes attributes) {
        List<String> configurations = SpringFactoriesLoader.loadFactoryNames
(this.getSpringFactoriesLoaderFactoryClass(), this.getBeanClassLoader());
        Assert.notEmpty(configurations, "No auto configuration classes found
in META-INF/spring.factories. If you are using a custom packaging, make sure that
file is correct.");
        return configurations;
    }
```

getCandidateConfigurations 方法中，SpringFactoriesLoader 类调用了 loadFactoryNames 方法，而此方法又调用了 loadSpringFactories 方法，如程序清单 4-8 所示。查看 loadSpringFactories 方法的源码，如程序清单 4-9 所示，可得知 SpringFactoriesLoader 会读取 META-INF/spring. factories 中 EnableAutoConfiguration 下的自动配置类到容器中。

程序清单 4-8

```
    public static List<String> loadFactoryNames(Class<?> factoryType, @Nullable
ClassLoader
    classLoader) {
        String factoryTypeName = factoryType.getName();
        return (List)loadSpringFactories(classLoader).getOrDefault
(factoryTypeName, Collections.emptyList());
    }
```

程序清单 4-9

```
    private static Map<String, List<String>> loadSpringFactories(@Nullable
ClassLoader
    classLoader) {
        MultiValueMap<String, String> result = (MultiValueMap)cache.
get(classLoader);
        if (result != null) {
            return result;
        } else {
```

```
        try {
            Enumeration<URL> urls = classLoader != null ? classLoader.
getResources("META-INF/spring.factories") : ClassLoader.getSystemResources
("META-INF/spring.factories");
            LinkedMultiValueMap result = new LinkedMultiValueMap();
            while(urls.hasMoreElements()) {
                URL url = (URL)urls.nextElement();
                UrlResource resource = new UrlResource(url);
                Properties properties = PropertiesLoaderUtils.
loadProperties(resource);
                Iterator var6 = properties.entrySet().iterator();
                while(var6.hasNext()) {
                    Entry<?, ?> entry = (Entry)var6.next();
                    String factoryTypeName = ((String)entry.getKey()).
trim();

                    String[] var9 = StringUtils.
commaDelimitedListToStringArray((String)entry.getValue());
                    int var10 = var9.length;
                    for(int var11 = 0; var11 < var10; ++var11) {
                        String factoryImplementationName = var9[var11];
                        result.add(factoryTypeName,
factoryImplementationName.trim());
                    }
                }
            }
            cache.put(classLoader, result);
        return result;
    } catch (IOException var13) {
        throw new IllegalArgumentException("Unable to load factories
from location [META-INF/spring.factories]", var13);
    }
  }
}
```

　　然后，通过 META-INF/spring.factories 中的 AutoConfigurationImportFilter 排除和过滤导入的自动配置类，最后用 META-INF/spring.factories 中的 AutoConfigurationImportListener 执行 AutoConfigurationImportEvent 事件，帮开发者进行自动配置工作。

　　进入 autoconfigure 包，查看 META-INF/spring.factories，如图 4-2 所示。"# Auto Configure"下是要导入容器的自动配置类。"# Auto Configuration Import Filters"下是用来排除和过滤导入的自动配置类。"# Auto Configuration Import Listeners"下是用来监听配置类导入的监听器。

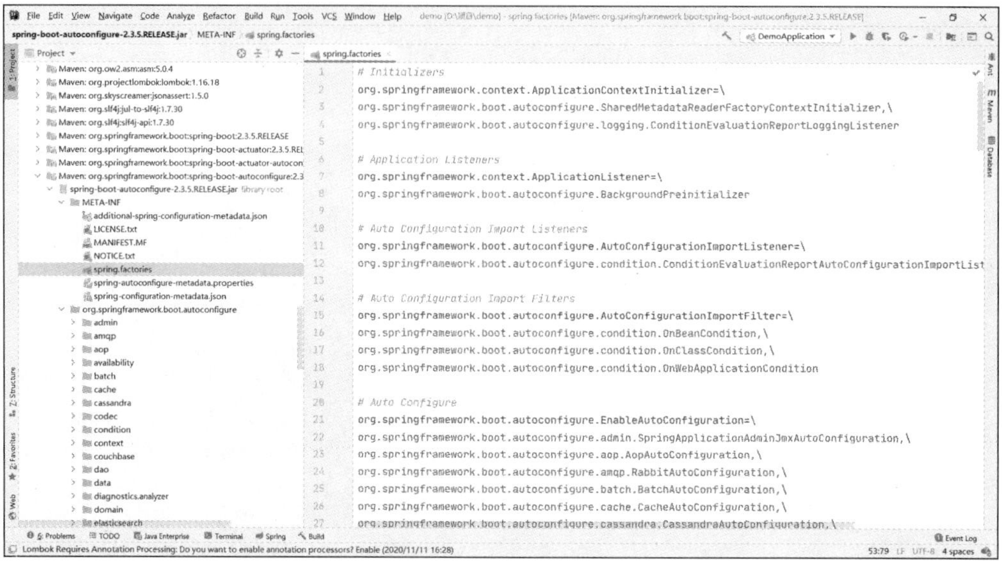

图 4-2　spring.factories

　　这里以第一个自动配置类 SpringApplicationAdminJmxAutoConfiguration 为例解释自动配置原理。按住"Ctrl"键并单击该类，可查看它的源码，如程序清单 4-10 所示。其中，@CondationalOnMissionBean 的作用是判断是否注入 Bean，例如，当开发者手动配置了此类的 Bean 时，它便不注入自动配置的 Bean，因此它是覆盖自动配置的关键。只要在 Maven 中导入相关依赖，Spring Boot 就会在 spring.factories 中将对应的自动配置类注入到应用上下文，Spring Boot 就可以获取配置类的属性，从而在 YAML 或 properties 中进行设置。

程序清单 4-10

```
@Configuration(
    proxyBeanMethods = false
)
@AutoConfigureAfter({JmxAutoConfiguration.class})
@ConditionalOnProperty(
    prefix = "spring.application.admin",
    value = {"enabled"},
    havingValue = "true",
    matchIfMissing = false
)
public class SpringApplicationAdminJmxAutoConfiguration {
    private static final String JMX_NAME_PROPERTY = "spring.application.
admin.jmx-name";
    private static final String DEFAULT_JMX_NAME = "org.springframework.boot:
type=Admin,name=SpringApplication";
    public SpringApplicationAdminJmxAutoConfiguration() {
    }
    @Bean
```

```
    @ConditionalOnMissingBean
    public SpringApplicationAdminMXBeanRegistrar
springApplicationAdminRegistrar(ObjectProvider<MBeanExporter> mbeanExporters,
Environment environment) throws MalformedObjectNameException {
        String jmxName = environment.getProperty("spring.application.admin.
jmx-name", "org.springframework.boot:type=Admin,name=SpringApplication");
        if (mbeanExporters != null) {
            Iterator var4 = mbeanExporters.iterator();
            while(var4.hasNext()) {
                MBeanExporter mbeanExporter = (MBeanExporter)var4.next();
                mbeanExporter.addExcludedBean(jmxName);
            }
        }
        return new SpringApplicationAdminMXBeanRegistrar(jmxName);
    }
}
```

综上所述，由于 Spring Boot 的启动类使用了@SpringBootApplication，而该注解包含
@EnableAutoConfiguration。@EnableAutoConfiguration 便是开启自动配置的注解，它导入了
@EnableAutoConfigurationImportSelector，该注解的内部通过 SpringFactoriesLoader.类间接
调用了 loadSpringFactories，从而读取 META-INF/spring.factories 文件进行自动配置工作。

4.2　Spring Boot 项目启动过程

为了能够直观地查看 Spring Boot 项目的启动过程，这里将采用 debug 模
式。debug 模式指调试模式，通过该模式开发者可以手动控制程序的执行与暂
停，并方便地查看程序的运行过程。使用 debug 模式，首先需要在 demo 的启
动类中执行 run 方法的语句上加一个断点，如图 4-3 所示。

微课 4-2

图 4-3　在执行 run 方法的语句上加一个断点

然后，以 debug 模式启动，单击蓝色向下箭头 ，进入 run 方法的方法体，如图 4-4 所示。

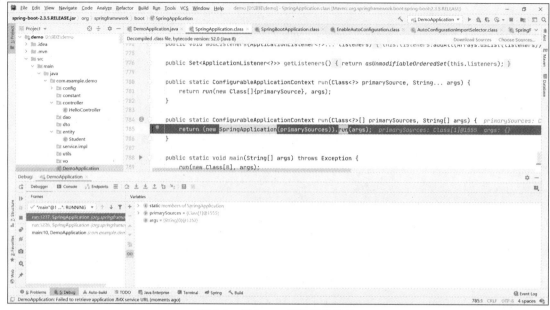

图 4-4　进入 run 方法的方法体

可以看到 run 方法新建了一个 SpringApplication 对象，单击该对象查看它的构造方法，如图 4-5 所示。这里主要是为 SpringApplication 对象的属性赋一些初值，如设置资源加载器初始化为空、设置应用上下文初始化器、判断 Web 应用类型、判断主入口类等。

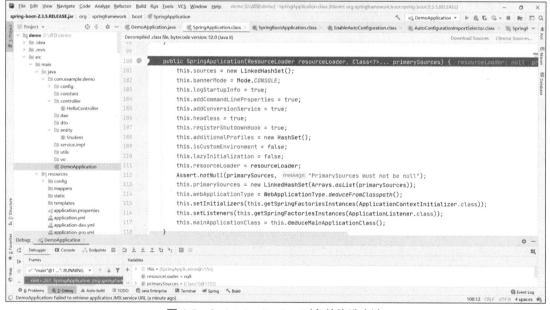

图 4-5　SpringApplication 对象的构造方法

最后，执行 SpringApplication 对象的 run 方法，如图 4-6 和图 4-7 所示。执行步骤如下。

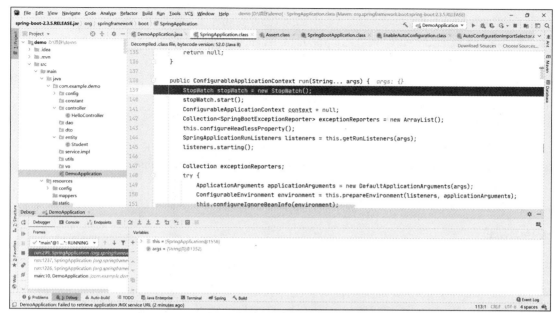

图 4-6　执行 SpringApplication 对象的 run 方法（1）

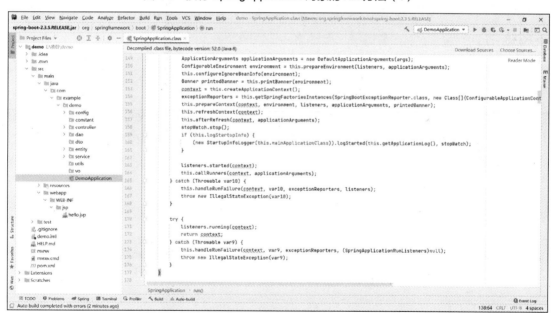

图 4-7　执行 SpringApplication 对象的 run 方法（2）

① "stopWatch.start();" 创建并启动计时监控类，这个类主要记录任务的执行时间。

② "this.configureHeadlessProperty();" 配置 headless 属性，headless 属性是在缺少显示器、键盘或者鼠标时的系统配置。

③ "listeners.starting();" 创建所有运行监听器并启动。

④ "new DefaultApplicationArguments(args);" 初始化应用参数。

⑤ "this.prepareEnvironment(listeners, applicationArguments);" 根据运行监听器和参数准备 Spring Boot 环境。

⑥ "context = this.createApplicationContext();" 创建应用上下文。

⑦ "Banner printedBanner = this.printBanner(environment);" 输出 Banner 标志。

⑧ "this.prepareContext(context, environment, listeners, applicationArguments, printedBanner);" 准备应用上下文。

⑨ "this.refreshContext(context);" 刷新应用上下文，在这里真正加载 Bean 到容器中，包括自动装配。如果是 Web 容器，会在 onRefresh 方法中创建一个 Server 并启动。

⑩ "stopWatch.stop();" 停止计时监控器类。

⑪ "listeners.started(context);" 发布应用上下文启动完成事件。

⑫ "this.callRunners(context, applicationArguments);" 执行所有 runner 运行器。

⑬ "listeners.running(context);" 发布应用上下文就绪事件。

⑭ "return context;" 返回应用上下文，Spring Boot 启动完成。

本章小结

本章首先介绍了 Spring Boot 项目自动装配的过程，通过一步步查看源码，了解了 @EnableAutoConfiguration 是实现自动装配的核心注解，然后，进一步分析了它的内部原理。最后，通过 debug 模式分析了 Spring Boot 项目的启动过程，该过程本质上就是执行 SpringApplication 对象的 run 方法的过程。

本章练习

一、判断题

1. 自动装配是由 Spring Boot 的 autoconfigure 包实现的。　　　　　（　　）
2. 自动装配类没有记录在 autoconfigure 包的 META-INF/spring.factories 中。（　　）
3. Spring Boot 项目通过调用 SpringApplication 对象的 run 方法启动。　（　　）

二、简答题

注解@EnableAutoConfiguration 的作用是什么？

面试达人

面试 1：简述 Spring Boot 项目的自动装配过程。

面试 2：简述 Spring Boot 项目的启动过程。

第 5 章 Spring Boot Web 应用开发

学习目标

微课 5-0

- 掌握 Spring Boot Web 应用开发常用注解、JSR-303 校验工具的使用。
- 掌握 JSP 以及基于 Thymeleaf 模板的开发过程。
- 了解 Spring Boot 中访问静态资源的原理和方式。

通过第 4 章，读者了解了 Spring Boot 项目的自动装配过程和启动过程。本章将深入讲解 Spring Boot 在 Web 应用开发中的使用。

5.1 Spring Boot Web 应用开发常用注解

微课 5-1

回顾第 2 章，在编写 HelloController 应用时使用了 3 个注解——@Controller、@RequestMapping、@ResponseBody，相信读者都已经清楚它们的含义，这里不再赘述。下面介绍另一个常用注解：@RestController。

@RestController 用在类前，它和@Controller 类似，只是多了一层含义。在类前加上这个注解，表示此类中的所有方法都返回 JSON 格式的数据，它的作用等同于@ResponseBody。所以，@RestController 相当于@Controller 和@ResponseBody 的结合，使用@RestController 后就不用在每个方法上写@ResponseBody。

为了验证@RequestMapping 和 @RestController 注解的作用，这里创建一个名为 HelloController2 的类，如程序清单 5-1 所示。然后启动 demo 项目，在浏览器中进行验证，如图 5-1 所示，成功返回 "hello2"。

程序清单 5-1

```
@RestController
public class HelloController2 {
    @RequestMapping("hello2")
    public String hello2(){
        return "hello2";
    }
}
```

```
←  →  C   ⓘ localhost:8081/demo/hello2

hello2
```

图 5-1　验证 hello2 接口

常用的注解还有@GetMapping、@PostMapping、@DeleteMapping、@PutMapping。@GetMapping 相当于@RequestMapping(value= "/",method = RequestMethod.GET)。在程序清单 5-1 中，@RequestMapping 仅写了 value，没写 method（默认 GET 和 POST 都支持）。同理，另外 3 个也是类似的。

这 4 个注解主要用于 RESTful 风格开发。RESTful 是一种互联网软件架构设计的风格，它提出了一组客户端和服务器交互时的架构理念和设计原则，基于这种理念和原则设计的接口更简洁、更有层次。举一个简单的例子，访问接口 "http://localhost:8080/order?id=1"，采用 RESTful 风格则地址为 "http://localhost/order/1"。实现 RESTful 风格最重要的就是@PathVariable，使用它将 URL 中占位符参数绑定到控制器处理方法的参数中。下面通过实际的例子来理解。编写 hello3 方法，如程序清单 5-2 所示。注意，URL 中作为参数的 "word" 要使用花括号标注。然后，重启 demo 项目，在浏览器中进行验证，如图 5-2 所示。

程序清单 5-2

```
@GetMapping("hello3/{word}")
public String hello3(@PathVariable("word") String word){
    return word;
}
```

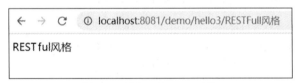

图 5-2　验证 RESTful 风格

在传统开发中，通常只使用 GET 和 POST 方式来实现增删改查，所以 URL 中通常是动词。例如，获取 ID 为 1 的学生的 URL 为 "http://localhost:8080/getStudent?id=1"，而 RESTful 风格则使用名词，即 "http://localhost:8080/student/1"。并且增删改查都使用这一个 URL，那么怎样区分操作类型呢？答案是通过请求方式。这 4 个注解@PostMapping、@DeleteMapping、@PutMapping 和@GetMapping 刚好分别对应增删改查，即对应 POST 请求、DELETE 请求、PUT 请求和 GET 请求。

5.2　JSR-303 校验工具的使用

日常开发的业务中难免遇到对数据的校验，例如，登录/注册的手机号是否规范、密码长度是否符合要求、账号是否为空等。而数据校验不能只在前端页面进行，在后端同样需要对数据进行校验，以确保通过其他方式调用接口也能正常工作。如果开发者在 Controller 中使用 if-else 语句来判断，代码会很多且逻辑复杂，因此可以使用 JSR-303 校验工具来实现数据校验。JSR-303 是 Java EE 6 中的一项规范，叫作 Bean Validation。Spring 从 3.x 版本开始就已经支持 JSR-303。JSR-303 通过在实体类的属性上添加注解的方式实现数据的校验，常用注解如表 5-1 所示。

微课 5-2

表 5-1　JSR-303 常用注解

注　　解	描　　述
@Null	对象为 null
@NotNull	对象不为 null
@Notblank	非空字符串（会去掉前后空格）
@NotEmpty	非空集合或数组
@Size(min,max)	集合、数组或字符串长度范围
@AssertTrue	值为 true
@AssertFalse	值为 false
@Min(value)	数值最小值
@Max(value)	数值最大值
@Range(min,max)	数值范围
@Pattern(regexp)	字符串匹配正则表达式
@Past	过去时间
@Future	未来时间

使用 JSR-303 校验工具的步骤如下。

① 添加 spring-boot-starter-validation 依赖，如程序清单 5-3 所示。

程序清单 5-3

```
<dependency>
    <groupId>org.springframework.boot</groupId>
    <artifactId>spring-boot-starter-validation</artifactId>
</dependency>
```

② 创建实体类，如程序清单 5-4 所示。在 demo 的 entity 包下创建一个 User 类，它有 3 个属性，分别是 "name"（用户名）、"age"（年龄）和 "phone"（手机号）。其中，"message" 表示在不符合校验规则时向用户展示的提示信息。

程序清单 5-4

```
@Data
public class User {
    @NotBlank(message = "用户名不能为空")
    private String name;
    @Range(min = 18,max = 50,message = "年龄在 18 ~ 50 之间")
    private String age;
    @Pattern(regexp = "^1[0-9]{10}$",message = "手机号格式不正确")
    private String phone;
}
```

③ 在 controller 包下创建一个 UserController 类，写一个注册接口 "regist"，用于模拟接收用户注册的表单数据，如程序清单 5-5 所示。

程序清单 5-5

```
@RestController
public class UserController {
    @GetMapping("regist")
    public Map regist(@Valid User user, BindingResult result){
        Map<String,Object> map = new HashMap<>();
        if (result.hasErrors()){
            Map<String,String> msg = new HashMap<>();
            result.getFieldErrors().forEach((e)->{
                msg.put(e.getField(),e.getDefaultMessage());
            });
            map.put("code",400);
            map.put("msg",msg);
        }else{
            map.put("code",200);
            map.put("msg","注册成功");
        }
        return map;
    }
}
```

注册请求访问此接口时，JSR-303 对标注有@Valid 的实体类进行校验，并将校验结果封装在 BindingResult 对象中。hasErrors 方法返回一个布尔值，只要有一个校验规则不符合便返回 true。getFieldErrors 方法返回不符合校验规则的 FieldError 的集合，FieldError 用于存储属性名和 message 信息。然后，通过 forEach 循环遍历 FieldError 的集合，把错误信息封装进返回结果。

启动 demo 项目并打开浏览器，先输入不符合校验规则的表单数据进行验证，结果如图 5-3 所示。再输入符合校验规则的表单数据进行验证，结果如图 5-4 所示。

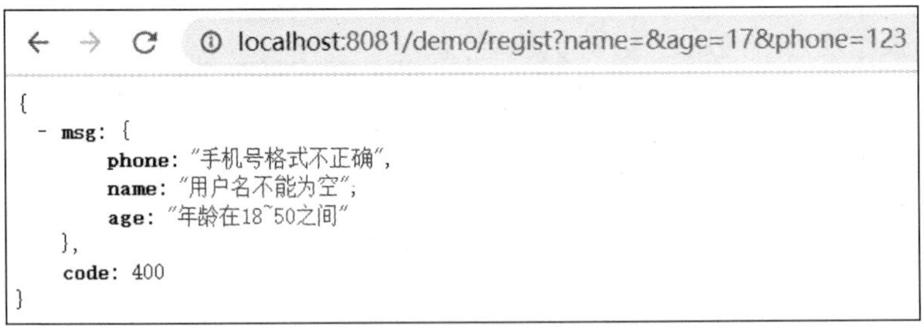

图 5-3　表单数据不符合校验规则时的结果

图 5-4　表单数据符合校验规则时的结果

读者实际操作时可能会疑惑，为什么测试返回的数据显示不一样，这是因为这里为 Chrome 浏览器安装了一个插件——JSONView，它的作用是以更直观的格式展示 JSON 字符串，推荐读者安装。

5.3　Spring Boot 实现 JSP 的 Web 应用开发

微课 5-3

Spring Boot 默认是不支持 JSP（Java Server Pages，Java 服务器页面）的，需要添加依赖，如程序清单 5-6 所示。然后，在 main 中创建 webapp 目录，在 webapp 中创建 WEB-INF 目录，在 WEB-INF 中创建 jsp 目录，如图 5-5 所示。

程序清单 5-6

```
<dependency>
    <groupId>org.apache.tomcat.embed</groupId>
    <artifactId>tomcat-embed-jasper</artifactId>
</dependency>
```

图 5-5　创建 jsp 目录

修改 webapp 为 Web 资源目录。首先，打开 IDEA，单击打开"File"菜单，选择"Project Structure"，如图 5-6 所示。然后，在打开的对话框的左边选择"Modules"，单击"Web"中的"Web Resource Directories"处的加号 ，如图 5-7 所示。最后，查找并选择项目中的 webapp 目录再单击"OK"按钮，便指定好了 Web 资源目录，如图 5-8 和图 5-9 所示。

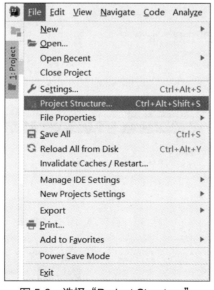

图 5-6　选择"Project Structure"

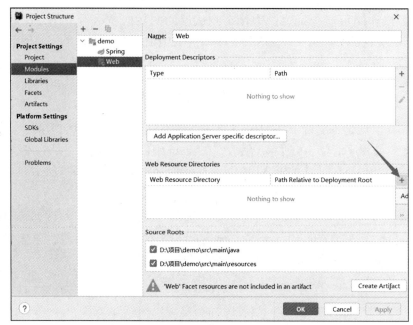

图 5-7　添加 Web 资源目录

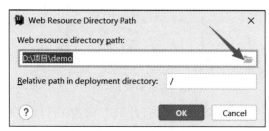

图 5-8　查找 webapp 目录

图 5-9　指定 webapp 目录

此外，需要在 YAML 中配置 JSP 的 prefix（前缀）和 suffix（后缀），如程序清单 5-7 所示。为了验证，首先在 webapp 的 WEB-INF/jsp 下创建一个 JSP 文件，并将其命名为"hello.jsp"，文件内容如程序清单 5-8 所示。然后，在 HelloController 中创建一个"helloJSP"接口，该接口指向这个 JSP，如程序清单 5-9 所示。注意，HelloController 前不能有@RestController，并且它和这个接口方法前都不能有@ResponseBody。最后，重启 demo 项目，在浏览器中访问 hello.jsp，如图 5-10 所示。

程序清单 5-7

```yaml
spring:
  mvc:
    view:
      prefix: /WEB-INF/jsp
      suffix: .jsp
```

程序清单 5-8

```
<%@ page contentType="text/html;charset=UTF-8" language="java" %>
<html>
<head>
    <title>JSP</title>
</head>
<body>
    <h1>hello.jsp 页面</h1>
</body>
</html>
```

程序清单 5-9

```java
@GetMapping("helloJSP")
public String helloJSP(){
    return "hello";
}
```

```
← → C     ⓘ localhost:8081/demo/helloJSP

hello.jsp页面
```

图 5-10　访问 hello.jsp

5.4　Spring Boot 实现基于 Thymeleaf 模板的 Web 应用开发

在 Spring Boot 中不推荐使用 JSP，因为 JSP 其实是 JSP 引擎动态生成的 Servlet 类，所以需要用本地空间 webapp 来保存，而 Spring Boot 程序往往是以 jar 包的形式脱离容器独立运行的，如果设置额外的空间去保存 JSP 可能存在 安全问题。因此，Spring Boot 提供了另外两种支持自动装配的模板引擎，分别 是 Thymeleaf 和 FreeMarker。因为 Thymeleaf 更容易上手，所以这里介绍使用基于 Thymeleaf

微课 5-4

模板的 Web 应用开发。

首先，添加 Thymeleaf 依赖，如程序清单 5-10 所示。

程序清单 5-10

```
<dependency>
    <groupId>org.springframework.boot</groupId>
    <artifactId>spring-boot-starter-thymeleaf</artifactId>
</dependency>
```

其次，在 resources/templates 目录下创建一个名为 "hello.html" 的文件，其内容如程序清单 5-11 所示。注意，如果不打算在 templates 中创建，则需要在 YAML 中配置 Thymeleaf 的前缀。之后，在 HelloController 中创建一个名为 "helloThymeleaf" 的接口，如程序清单 5-12 所示，其中 Model 对象用于传值。最后，重启 demo 项目，在浏览器中访问 hello.html，如图 5-11 所示。

程序清单 5-11

```
<!DOCTYPE html>
<html lang="en" xmlns:th="http://www.thymeleaf.org">
<head>
    <meta charset="UTF-8">
    <title>thymeleaf</title>
</head>
<body>
    <h1 th:text="${msg}"></h1>
</body>
</html>
```

程序清单 5-12

```
@GetMapping("helloThymeleaf")
public String helloThymeleaf(Model model){
    model.addAttribute("msg","Hello Thymeleaf");
    return "hello";
}
```

图 5-11　访问 hello.html

5.5　Thymeleaf 的使用

Thymeleaf 的主要作用是把 Model 对象中的数据渲染到 HTML 中，它采用的是和 JSTL（JPS Standard Tag Library，JSP 标准标签库）类似的一系列标签，这些标签可以用于逻辑判断、循环遍历、动态赋值等。Thymeleaf 常用的

微课 5-5

标签及功能如表 5-2 所示。另外，还需要知道它常用的两个表达式：一个是变量表达式$\${}$，用于获取 Model 对象中的数据；另一个是 URL 表达式@{}，用于标注资源路径，包括静态资源、HTTP 链接以及后端接口。

表 5-2　Thymeleaf 常用的标签及功能

标　　签	功　　能
th:text	显示文本
th:utext	替换 HTML 标签的文本
th:if	条件判断，条件为真时显示 HTML 标签
th:unless	和 th:if 一起使用，条件为假时显示 HTML 标签
th:switch 和 th:case	多分支选择，显示和 th:switch 表达式值匹配的 th:case 所在的 HTML 标签
th:action	表单提交地址，相当于<form>标签的 action 属性
th:each	循环遍历集合或数组，相当于 JSTL 的<c:forEach>标签
th:value	给 HTML 标签的 value 属性赋值
th:href	定义超链接，相当于<a>标签的 href 属性
th:selected	用于<select>标签中设置<option>标签选中的条件
th:object	表单中绑定数据对象，表单元素（如 input）使用 th:value="*{}"获取对象属性

5.6　访问静态资源

微课 5-6

Spring Boot 提供了不通过 Controller 接口，直接访问静态资源的方式。静态资源指的是 HTML、JS、CSS 等前端文件，以及图片、视频等多媒体文件。开发者只需把静态资源放在 Spring Boot 默认的静态资源目录下，便可通过文件名直接访问文件。Spring Boot 默认的静态资源目录有 4 个，它们在 ResourceProperties 类的属性 *CLASSPATH_RESOURCE_LOCATIONS* 定义中，如图 5-12 所示。注意，这 4 个目录的优先级从前往后排列，通常用 static 就可以了。如图 5-13 所示，在 resources/static 中放一张图片。然后，重启 demo 项目，在浏览器中直接根据文件名就能访问该静态资源，如图 5-14 所示。

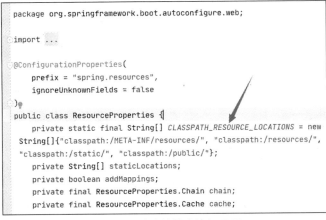

```java
package org.springframework.boot.autoconfigure.web;

import ...

@ConfigurationProperties(
    prefix = "spring.resources",
    ignoreUnknownFields = false
)
public class ResourceProperties {
    private static final String[] CLASSPATH_RESOURCE_LOCATIONS = new
String[]{"classpath:/META-INF/resources/", "classpath:/resources/",
"classpath:/static/", "classpath:/public/"};
    private String[] staticLocations;
    private boolean addMappings;
    private final ResourceProperties.Chain chain;
    private final ResourceProperties.Cache cache;
```

图 5-12　默认的静态资源目录

图 5-13　在 static 中放一张图片

图 5-14　访问静态资源

　　开发者也可以自定义静态资源目录。自定义静态资源目录有两种方式。第一种方式是在 YAML 中配置，如程序清单 5-13 所示。"static-path-pattern"表示静态资源映射路径，这里表示访问静态资源时需要加上"boot"。"static-locations"表示自定义静态资源路径，可以定义多个，中间用逗号分隔。在 resources 下创建一个 mystatic 目录，并放一张图片，如图 5-15 所示。重启 demo 项目，在浏览器中进行验证，如图 5-16 所示。

程序清单 5-13

```
spring:
  mvc:
    static-path-pattern: /boot/**
  resources:
    static-locations: classpath:/mystatic
```

图 5-15　在 mystatic 中放一张图片

图 5-16　访问自定义静态资源目录的静态资源

　　第二种方式是配置类，只需要实现 WebMvcConfigurer 接口中的 addResourceHandlers 方法即可，如程序清单 5-14 所示。调用 ResourceHandlerRegistry 对象的 addResourceHandler 方法添加静态资源映射路径，调用 addResourceLocations 方法添加自定义静态资源路径，最终效果和在 YAML 中配置的效果一致。

程序清单 5-14

```
@Configuration
public class MyWebMvcConfig implements WebMvcConfigurer {
    @Override
    public void addResourceHandlers(ResourceHandlerRegistry registry) {
        registry.addResourceHandler("/boot/**").addResourceLocations
("classpath:/mystatic/");
    }
}
```

本章小结

本章首先介绍了 Spring Boot Web 应用开发常用注解，包括@RestController、@GetMapping 和@PostMapping 等，并补充介绍了 RESTful 风格开发。其次，介绍了 Spring Boot 中 JSR-303 校验工具的使用，使用 JSR-303 校验工具能避免手动编写数据校验代码的繁杂过程，提高开发效率。之后，介绍了如何在 Spring Boot 中使用 JSP。此外，还介绍了 Thymeleaf 的使用以及它的常用标签。最后，通过实际案例介绍了如何访问静态资源，以及自定义静态资源目录的两种方式。

本章练习

一、判断题

1. @RestController 等同于@ResponseBody 加@Controller。　　　　　　　　　（　　）
2. JSR-303 中@Size(min,max)表示数值范围。　　　　　　　　　　　　　（　　）
3. 只要把图片放在 resources/static 下就可以直接访问。　　　　　　　　　（　　）

二、简答题

1. 为什么要使用 JSR-303？
2. Thymeleaf 是怎样传值的？

面试达人

面试 1：Spring Boot Web 应用开发中常用的注解有哪些？分别有什么作用？

面试 2：项目中是如何进行校验的？校验的注解有哪些并介绍一下它们的作用。

第 6 章　Spring Boot 整合与部署

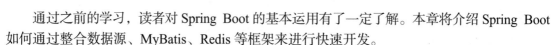

学习目标

- 掌握 Spring Boot 整合数据源，以及项目打包并部署的方法。
- 熟悉 Spring Boot 整合 MyBatis。
- 熟悉 Spring Boot 整合 JPA。
- 熟悉 Spring Boot 整合 Redis。
- 熟悉 Spring Boot 整合 Spring Security。
- 熟悉 Spring Boot 项目打包并部署。

微课 6-0

通过之前的学习，读者对 Spring Boot 的基本运用有了一定了解。本章将介绍 Spring Boot 如何通过整合数据源、MyBatis、Redis 等框架来进行快速开发。

6.1　Spring Boot 整合数据源

6.1.1　Spring Boot 默认数据源

数据源（Data Source），顾名思义，数据的来源，是提供某种所需数据的器件或原始媒体。数据源中存储了所有建立数据库连接的信息。在 Spring Boot 项目中配置了数据源之后，项目运行时程序与数据库之间就会建立连接，这样

微课 6-1

开发者就可以通过程序对数据库进行 CRUD（Create、Retrieve、Update、Delete 的首字母组合，代表增加、查询、更新、删除操作）等数据操作。

Spring Boot 默认支持 4 种数据源，分别为 Tomcat、HikariCP、DBCP、DBCP2。当 classpath 下有相应的类存在时，Spring Boot 会通过自动配置为其生成 DataSource Bean，DataSource Bean 默认只会生成一个，并且 4 种数据源的生效先后顺序为：Tomcat→HikariCP→DBCP→DBCP2。

6.1.2　Spring Boot 整合默认数据源

Spring Boot 整合默认数据源需要添加 Maven 依赖和配置。添加依赖是为了能使用数据源的 jar 包，而添加配置则是告诉程序需要连接的数据库的地址、账号、密码等信息。

1. 添加依赖

在 Spring Boot 中使用 JDBC 可直接添加官方提供的 spring-boot-starter-jdbc 依赖。在项目的 pom.xml 中添加依赖，如程序清单 6-1 所示。自 Spring Boot 2.0 起，spring-boot-starter-jdbc 引入的默认数据源由 Tomcat-JDBC 变为了 HikariCP。

程序清单 6-1

```xml
<!--添加 MySQL 依赖-->
<dependency>
    <groupId>mysql</groupId>
    <artifactId>mysql-connector-java</artifactId>
</dependency>
<!--添加 JDBC 依赖-->
<dependency>
    <groupId>org.springframework.boot</groupId>
    <artifactId>spring-boot-starter-jdbc</artifactId>
</dependency>
```

2. 添加配置

数据源相关配置可以在核心配置文件 application.properties 中配置（如程序清单 6-2 所示），也可以在 application.yml 文件中配置（如程序清单 6-3 所示）。

程序清单 6-2

```
spring.datasource.url=jdbc:mysql://localhost:3306/db_name?useUnicode=
                    true&characterEncoding=utf8&serverTimezone=Asia/
Shanghai
    spring.datasource.driverClassName=com.mysql.jdbc.Driver
    spring.datasource.username=root
    spring.datasource.password=root
```

程序清单 6-3

```yaml
spring:
  datasource:
        url: jdbc:mysql://localhost:3306/db_name?useUnicode=
true&characterEncoding=utf8&serverTimezone=
    Asia/Shanghai
      driverClassName: com.mysql.jdbc.Driver
     username: root
      password: root
```

补充说明：数据源的 driverClassName 会根据 mysql-connector-java 依赖的版本而变化，在 mysql-connector-java 5 中 driverClassName 为 com.mysql.jdbc.Driver，而在 mysql-connector-java 6 及以上版本中 driverClassName 为 com.mysql.cj.jdbc.Driver，并且要求在 URL 中需要配置 serverTimezone（时区信息），serverTimezone 可配置 UTC、Asia/Shanghai 等。配置完以上信息之后，就可以在代码中使用默认的数据源进行数据库的相关操作。

6.1.3　Spring Boot 切换默认数据源

Spring Boot 除了可以使用默认的 KikariCP 数据源外，还可以使用其余 3 种数据源。Spring Boot 默认支持的 4 种数据源的 Maven 依赖如程序清单 6-4 所示。

程序清单 6-4

```xml
<!--添加 Tomcat-JDBC 依赖-->
<dependency>
    <groupId>org.apache.tomcat</groupId>
    <artifactId>tomcat-jdbc</artifactId>
</dependency>
<!--添加 HikariCP 依赖-->
<dependency>
    <groupId>com.zaxxer</groupId>
    <artifactId>HikariCP</artifactId>
</dependency>
<!--添加 DBCP 依赖-->
<dependency>
    <groupId>commons-dbcp</groupId>
    <artifactId>commons-dbcp</artifactId>
    <version>1.4</version>
</dependency>
<!--添加 DBCP2 依赖-->
<dependency>
    <groupId>org.apache.commons</groupId>
    <artifactId>commons-dbcp2</artifactId>
</dependency>
```

而想要使用其他几种数据源，可以通过以下两种方法来处理。

方法一：排除其他的数据源依赖，仅保留需要的数据源依赖。

当引入 spring-boot-starter-jdbc 依赖时，因为其中包含 HikariCP 依赖，所以在切换为其他的数据源时，需要先将 HikariCP 依赖排除，再添加需要的数据源的依赖。以 Tomcat-JDBC 数据源为例，具体依赖配置如程序清单 6-5 所示。

程序清单 6-5

```xml
<!--添加 JDBC 依赖-->
<dependency>
    <groupId>org.springframework.boot</groupId>
    <artifactId>spring-boot-starter-jdbc</artifactId>
    <exclusions>
        <!--排除 HikariCP 依赖-->
        <exclusion>
            <groupId>com.zaxxer</groupId>
            <artifactId>HikariCP</artifactId>
        </exclusion>
    </exclusions>
</dependency>
```

```
<!-- 添加 Tomcat-JDBC 依赖 -->
<dependency>
    <groupId>org.apache.tomcat</groupId>
    <artifactId>tomcat-jdbc</artifactId>
</dependency>
```

方法二：在配置文件中指定使用的数据源。

除了排除依赖外，还可以在配置文件中直接指定需要使用的数据源，如程序清单 6-6 所示。大家可以想一想，在 application.yml 文件中该如何配置呢？

程序清单 6-6

```
spring.datasource.type=com.zaxxer.hikari.HikariDataSource
spring.datasource.type=org.apache.tomcat.jdbc.pool.DataSource
spring.datasource.type=org.apache.commons.dbcp.BasicDataSource
spring.datasource.type=org.apache.commons.dbcp2.BasicDataSource
```

6.1.4　Spring Boot 整合第三方数据源

在开发过程中除了使用默认的 4 种数据源外，有的时候为了适应项目场景或者为了提高开发效率，还会选择使用第三方的一些优秀数据源，如阿里巴巴的 Druid 数据源、C3P0 数据源等。

Druid 数据源是 Java 语言中非常好的数据库连接池，Druid 除了基本的数据源功能，还提供了强大的监控和扩展功能，在防止 SQL（Structure Query Language，结构查询语言）注入、慢 SQL 日志记录等方面也非常优秀，并且 Druid 是开源的。所以这里以 Druid 数据源为例进行配置，步骤如下。

① 在 pom.xml 文件中添加 Druid 依赖，如程序清单 6-7 所示。

程序清单 6-7

```
<!--添加 Druid 依赖-->
<dependency>
    <groupId>com.alibaba</groupId>
    <artifactId>druid</artifactId>
    <version>1.1.6</version>
</dependency>
```

② 在 application.yml 文件或者 application.properties 文件中通过 type 属性配置使用的数据源为 DruidDataSource，如程序清单 6-8 和程序清单 6-9 所示。

程序清单 6-8

```
spring:
  datasource:
    type: com.alibaba.druid.pool.DruidDataSource
    url: jdbc:mysql://localhost:3306/db_name?useUnicode=
true&characterEncoding=utf8
    driverClassName: com.mysql.jdbc.Driver
    username: root
    password: root
```

程序清单 6-9

```
spring.datasource.type=com.alibaba.druid.pool.DruidDataSource
spring.datasource.url=jdbc:mysql://localhost:3306/db_name?useUnicode=
true&characterEncoding=utf8
spring.datasource.driverClassName=com.mysql.jdbc.Driver
spring.datasource.username=root
spring.datasource.password=root
```

③ 创建一个配置类 DataSourceConfig 并添加@Configuration，使用@Bean 在 Spring 容器中创建一个 DataSource Bean 进行管理，如程序清单 6-10 所示。

程序清单 6-10

```
@Configuration
public class DataSourceConfig {

    @Autowired
    private Environment env;

    @Bean
    public DataSource getDataSource() {
        DruidDataSource dataSource = new DruidDataSource();
        dataSource.setUrl(env.getProperty("spring.datasource.url"));
        dataSource.setUsername(env.getProperty("spring.datasource.username"));
        dataSource.setPassword(env.getProperty("spring.datasource.password"));
        return dataSource;
    }

}
```

6.2 Spring Boot 整合 MyBatis

MyBatis 是开发中常用的优秀持久层框架之一，它支持普通 SQL 查询、存储过程以及高级映射、查询缓存等。MyBatis 消除了几乎所有的 JDBC 代码和参数的手动设置以及结果集的检索。MyBatis 使用简单的 XML 或注解用于构造 SQL 语句，并将接口和 Java 的 POJO（Plain Ordinary Java Object，简单的 Java 对象）映射成数据库中的记录。下面将通过 Spring Boot 便捷地对 MyBatis 框架进行整合，从而完成对数据库数据的操作。整合 MyBatis 需要以下几个步骤。

微课 6-2

① 在 pom.xml 文件中引入 MyBatis 依赖，如程序清单 6-11 所示。

程序清单 6-11

```
<dependency>
    <groupId>org.mybatis.spring.boot</groupId>
    <artifactId>mybatis-spring-boot-starter</artifactId>
    <version>1.3.1</version>
</dependency>
```

② 在 application.yml 文件中配置 MyBatis 相关信息，其中，mapper-locations 表示 mapper 的存放位置，type-aliases-package 表示别名所在的包路径，在 configuration 中配置了实体类属性和数据库表字段的映射方式，为 true 时表示可以将下画线映射到驼峰大小写，还配置了 MyBatis 的 log 日志输出，如程序清单 6-12 所示。

程序清单 6-12

```
mybatis:
  mapper-locations: classpath:mappers/*Mapper.xml
  type-aliases-package: com.example.demo.entity
  configuration:
    map-underscore-to-camel-case: true
logging:
  level:
    com:
      test:
        mapper : debug
```

③ 准备好 SQL 表和数据。首先在 db_name 数据库中创建 city 表，表结构如程序清单 6-13 所示。然后在 city 表中添加城市数据，如图 6-1 所示。

程序清单 6-13

```
CREATE TABLE `city` (
  `id` int(11) NOT NULL AUTO_INCREMENT,
  `city` varchar(255) NOT NULL,
  `create_time` timestamp(0),
  PRIMARY KEY (`id`)
) ENGINE=InnoDB AUTO_INCREMENT=3 DEFAULT CHARSET=utf8;
```

图 6-1　添加城市数据

④ 创建城市类 City 如程序清单 6-14 所示。首先编写 city 表操作接口 CityMapper，以及 CityMapper 接口对应的 CityMapper.xml 文件，如程序清单 6-15、程序清单 6-16 所示。然后编写 City 表操作服务接口 CityService 及其实现类 CityServiceImpl，如程序清单 6-17 和程序清单 6-18 所示。最后，编写 CityController 类，提供接口调用，如程序清单 6-19 所示。

程序清单 6-14

```
@Data
public class City {

    private Integer id;


    private String city;
```

```
        private Date createTime;
    }
```

程序清单 6-15

```
@Mapper
public interface CityMapper {

    List<City> findAll(Integer id);
}
```

程序清单 6-16

```xml
<?xml version="1.0" encoding="UTF-8" ?>
<!DOCTYPE mapper PUBLIC "-//mybatis.org//DTD Mapper 3.0//EN"
"http://mybatis.org/dtd/mybatis-3-mapper.dtd" >
<mapper namespace="com.example.demo.dao.CityMapper">
    <resultMap id="BaseResultMap" type="com.example.demo.entity.City">
        <result column="id" jdbcType="INTEGER" property="id" />
        <result column="city" jdbcType="VARCHAR" property="city" />
        <result column="create_time" jdbcType="TIMESTAMP"
property="createTime" />
    </resultMap>
    <select id="findById" resultMap="BaseResultMap">
        select * from city where id = #{id}
    </select>
</mapper>
```

程序清单 6-17

```
public interface CityService {
    List<City> findAll(Integer city);
}
```

程序清单 6-18

```
@Service
public class CityServiceImpl implements CityService {

    @Autowired
    private CityMapper cityMapper;

    @Override
    public List<City> findAll(Integer id) {
        return cityMapper.findAll(id);
    }
}
```

程序清单 6-19

```
@RestController
@RequestMapping("city")
public class CityController {

    @Autowired
    private CityService cityService;

    @RequestMapping("findById")
    public List<City> findById(Integer id){
        return cityService.findById(id);
    }

}
```

完成以上步骤之后，启动 demo 项目，然后在浏览器中访问 "http://localhost:8081/demo/city/findById?id=1" 进行测试。测试结果如图 6-2 所示，浏览器中返回了数据库中的成都数据，证明整合 MyBatis 成功了。

```
← → C  ① localhost:8081/demo/city/findById?id=1
[
 - {
        id: 1,
        city: "成都",
        createTime: "2021-03-31T02:40:45.000+00:00"
    }
]
```

图 6-2　测试结果

6.3　Spring Boot 整合 JPA

JPA（Java Persistence API，Java 持久层 API）整合了 ORM（Object Relational Mapping，对象关系映射）技术，使得操作数据库变得更加简单，可以将日常开发中几乎用到的所有数据库操作都通过无 SQL 的方式来实现。JPA 的宗旨是为 POJO 提供持久化标准规范。JPA 的总体思想及其使用方式和现有的 Hibernate 等 ORM 框架大体一致。下面将介绍如何在 Spring Boot 中使用 JPA 操作数据库，步骤如下。

微课 6-3

① 在 pom.xml 文件中导入 JPA 依赖，如程序清单 6-20 所示。

程序清单 6-20

```
<dependency>
    <groupId>org.springframework.boot</groupId>
    <artifactId>spring-boot-starter-data-jpa</artifactId>
</dependency>
```

② 在 application.yml 文件中配置数据源信息和 JPA 信息，其中 JPA 配置中的 hibernate 配置 ddl-auto: update 表示会根据 @Entity 实体类自动更新数据库表的结构，如程序清单 6-21 所示。

程序清单 6-21

```
spring:
  datasource:
    driver-class-name: com.mysql.jdbc.Driver
    url: jdbc:mysql://localhost:3306/db_name?serverTimezone=Asia/Shanghai
    username: root
    password: root
  jpa:
    hibernate:
      ddl-auto: update
    show-sql: true
```

③ 在项目工程包 controller、entity、dao、service 下分别创建实体类 Teacher、数据库操作接口 TeacherDao、业务服务 TeacherService 接口及其实现类和 TeacherController 类，如程序清单 6-22～程序清单 6-26 所示。从程序清单中，可以发现 TeacherDao 只需要集成 JPA 的相关接口（如 JpaRepository 等），就可以使用 JPA 提供的数据库常用操作方法来完成日常的数据库操作，这让开发者在开发应用时操作数据库变得更加简单。

程序清单 6-22

```
@Data
@Entity
@Table(name="teacher")
public class Teacher {

    @Id     //主键 id
    @GeneratedValue(strategy=GenerationType.IDENTITY)//主键生成策略
    @Column(name="id")//数据库字段名
    private Integer id;

    @Column(name="name")
    private String name;

    @Column(name="age")
    private Integer age;
}
```

程序清单 6-23

```
public interface TeacherDao extends JpaRepository<Teacher, Integer> {
}
```

程序清单 6-24

```
public interface TeacherService {

    List<Teacher> findAll();
}
```

程序清单 6-25

```java
@Service
public class TeacherServiceImpl implements TeacherService {

    @Autowired
    private TeacherDao teacherDao;
    public List<Teacher> findAll(){
        return teacherDao.findAll();
    }

}
```

程序清单 6-26

```java
@RestController
@RequestMapping("teacher")
public class TeacherController {

    @Autowired
    private TeacherService teacherService;

    @RequestMapping("findAll")
    public List<Teacher> findAll(){
        return teacherService.findAll();
    }

}
```

　　完成以上步骤之后，启动项目时，JPA 会检测数据库是否完整，若没有数据表则会自动创建表。打开数据库，查看 teacher 表，并添加两条数据，如图 6-3 所示。

　　之后，打开浏览器，访问"localhost:8081/demo/teacher/findAll"进行测试。如果浏览器中返回了数据库中的数据，表示 JPA 整合成功，之后就可以在 Spring Boot 项目中使用 JPA。返回结果如图 6-4 所示。

图 6-3　添加两条数据

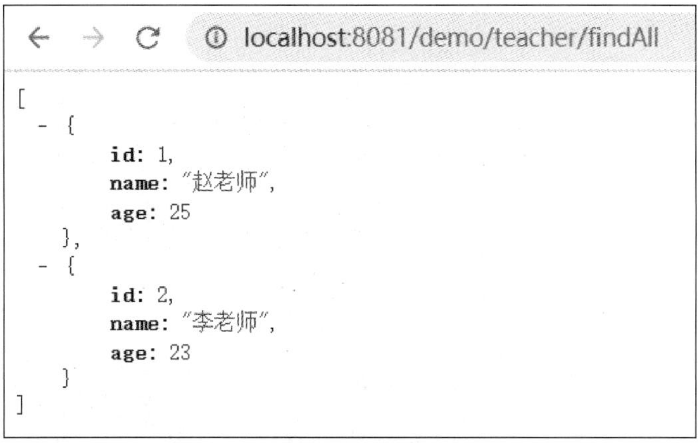

图 6-4　返回结果

6.4 Spring Boot 整合 Redis

微课 6-4

Redis 是一个开源、使用 ANSI C 语言编写、支持网络、可基于内存亦可持久化的日志型、Key-Value 数据库，它提供多种语言的 API（Application Program Interface，应用程序接口）。熟悉 Redis 的读者可能知道 Redis 主要在项目中提供缓存的作用，在业务访问并发量比较高的情况下，如果不做任何处理，就会有大量的请求直接请求到数据库，这样可能会"压垮"数据库，所以就需要使用 Redis 这样的中间件进行快速缓存来解决问题。

Redis 性能极高，读的速度可达到 110000 次/秒，写的速度可达到 81000 次/秒；Redis 支持 String、List、Hash、Set 及 ZSet（Sorted Set，有序集合）5 种基本数据类型和其他新型数据类型；Redis 的所有操作都是原子性的；Redis 具有发布/订阅（publish/subscribe）、通知、key 过期、持久化处理等特性。

如果想在 Spring Boot 中使用 Redis，就需要配置并整合 Redis。在整合 Redis 之前，需要先安装好 Redis。生产环境下通常都是在 Linux 系统下安装 Redis 的，而开发环境下可以使用 Windows 版本的 Redis。Redis 的官网并没有提供 Windows 的下载，但是在 GitHub 上可以找到制作好的 Windows 版本的 Redis 资源，如图 6-5 所示。

图 6-5　Redis 资源

下载后得到一个压缩包，将其解压之后，打开 redis-server.exe 启动服务端，如果出现图 6-6 所示的界面，就说明服务端启动成功了。

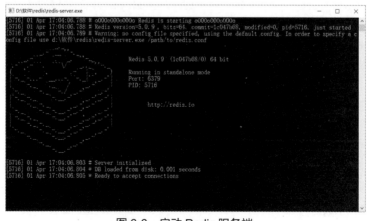

图 6-6　启动 Redis 服务端

启动服务端之后，就可以在 Spring Boot 中整合 Redis。首先在 pom.xml 文件中导入 Redis 依赖，如程序清单 6-27 所示。

程序清单 6-27

```
<dependency>
    <groupId>org.springframework.boot</groupId>
    <artifactId>spring-boot-starter-data-redis</artifactId>
</dependency>
```

导入依赖之后，还需要在 application.yml 文件中配置 Redis，主要配置连接 Redis 服务的信息，包括 host（主机）、port（端口），如果 Redis 连接需要密码也需要进行配置，然后配置 Jedis 连接 Redis 的连接池配置，如程序清单 6-28 所示。之后创建 Redis 的配置类 RedisConfig，主要配置操作 Redis 的模板 redisTemplate 对象、Redis 存储和读取数据的 Json 序列化处理以及 Redis 存储各种数据类型的操作，如程序清单 6-29 所示。

程序清单 6-28

```
redis:
    ## Redis 数据库索引（默认为 0）
    database: 0
    ## Redis 主机地址
    host: 127.0.0.1
    ## Redis 服务器连接端口
    port: 6379
    ## Redis 服务器连接密码（默认为空）
    password:
    jedis:
      pool:
          ## 连接池最大连接数（使用负值表示没有限制）
          max-active: 8
          ## 连接池最大阻塞等待时间（使用负值表示没有限制）
          max-wait: -1
          ## 连接池中的最大空闲连接
          max-idle: 8
          ## 连接池中的最小空闲连接
          min-idle: 0
    ## 连接超时时间（单位为 ms）
    timeout: 1200
```

程序清单 6-29

```
@Configuration
@EnableCaching
public class RedisConfig extends CachingConfigurerSupport {
```

```
        @Bean
        public CacheManager cacheManager(RedisConnectionFactory
redisConnectionFactory) {
            RedisCacheConfiguration redisCacheConfiguration =
RedisCacheConfiguration.defaultCacheConfig()
                    .entryTtl(Duration.ofHours(1)); // 设置缓存有效期为 1h
            return RedisCacheManager
                    .builder(RedisCacheWriter.nonLockingRedisCacheWriter
(redisConnectionFactory))
                    .cacheDefaults(redisCacheConfiguration).build();
        }
        /**
         * RedisTemplate 相关配置
         * @param factory
         * @return
         */
        @Bean
        public RedisTemplate<String, Object> redisTemplate
(RedisConnectionFactory factory) {
            RedisTemplate<String, Object> template = new RedisTemplate<>();
            // 配置连接工厂
            template.setConnectionFactory(factory);
            // 使用 Jackson2JsonRedisSerializer 来序列化和反序列化 Redis 的 value 值
（默认使用 JDK 的序列化方式）
            Jackson2JsonRedisSerializer jacksonSeial = new
Jackson2JsonRedisSerializer(Object.class);
            ObjectMapper om = new ObjectMapper();
            // 指定要序列化的域
            // 指定序列化输入的类型，类必须是非 final 修饰的，final 修饰的类（例如 String、
Integer）等会出现异常
            om.enableDefaultTyping(ObjectMapper.DefaultTyping.NON_FINAL);
            jacksonSeial.setObjectMapper(om);
            // 值采用 JSON 序列化
            template.setValueSerializer(jacksonSeial);
            // 使用 StringRedisSerializer 来序列化和反序列化 Redis 的 key 值
            template.setKeySerializer(new StringRedisSerializer());
            // 设置 Hash key 和 value 序列化模式
            template.setHashKeySerializer(new StringRedisSerializer());
            template.setHashValueSerializer(jacksonSeial);
            template.afterPropertiesSet();
            return template;
```

```java
    }
    /**
     * 对 Hash 类型的数据进行操作
     *
     * @param redisTemplate
     * @return
     */
    @Bean
    public HashOperations<String, String, Object> hashOperations
(RedisTemplate<String, Object> redisTemplate) {
        return redisTemplate.opsForHash();
    }
    /**
     * 对字符串类型的数据进行操作
     *
     * @param redisTemplate
     * @return
     */
    @Bean
    public ValueOperations<String, Object> valueOperations
(RedisTemplate<String, Object> redisTemplate) {
        return redisTemplate.opsForValue();
    }
    /**
     * 对列表类型的数据进行操作
     *
     * @param redisTemplate
     * @return
     */
    @Bean
    public ListOperations<String, Object> listOperations(RedisTemplate<
String, Object> redisTemplate) {
        return redisTemplate.opsForList();
    }
    /**
     * 对无序集合类型的数据进行操作
     *
     * @param redisTemplate
     * @return
     */
    @Bean
```

```
        public SetOperations<String, Object> setOperations(RedisTemplate<String,
Object> redisTemplate) {
            return redisTemplate.opsForSet();
        }
        /**
         * 对有序集合类型的数据进行操作
         *
         * @param redisTemplate
         * @return
         */
        @Bean
        public ZSetOperations<String, Object> zSetOperations(RedisTemplate<
String, Object> redisTemplate) {
            return redisTemplate.opsForZSet();
        }
    }
```

完成上面的导入和配置之后，就可以在 Spring Boot 中使用 Redis。在 6.3 节的基础上分别为 TeacherDao、TeacherService、TeacherServiceImpl、TeacherController 添加一个 findById 方法。Redis 对数据进行缓存主要在 Service 层或者 Controller 层代码中实现，而这里就写在 TeacherServiceImpl 的 findAll 方法里，如程序清单 6-30 所示。使用的逻辑是获取数据的时候先去 Redis 缓存中获取，如果存在就返回数据；如果 Redis 缓存中不存在就从数据库中查询并将其放入缓存中。

程序清单 6-30

```
    @Autowired
    private RedisTemplate redisTemplate;

    /**
     * 获取数据策略：先从缓存中获取数据，没有则取数据表中的数据，再将数据写入缓存
     */
    public String findById(Integer id) {
        String key = "user_" + id;
        ValueOperations<String, Teacher> operations = redisTemplate.
opsForValue();
        // 判断 Redis 中是否有键为 key 的缓存
        boolean hasKey = redisTemplate.hasKey(key);
        if (hasKey) {
            Teacher teacher = operations.get(key);
            return "从缓存中获得数据: "+teacher;
        } else {
            Teacher teacher = teacherDao.findById(id).get();
```

```
        if (teacher != null) {
            // 写入缓存
            operations.set(key, teacher, 5, TimeUnit.HOURS);
        }
        return "查询数据库获得数据: "+teacher;
    }
}
```

完成以上步骤之后，可以简单测试一下 Redis 是否可用。在浏览器中输入"http://localhost:8081/demo/teacher/findById?id=1"并按"Enter"键，可以发现显示的是从数据库获取的数据，这是因为第一次访问，Redis 缓存中没有 teacher 数据，如图 6-7 所示。

```
←  →  C    ⓘ localhost:8081/demo/teacher/findById?id=1

查询数据库获得数据: Teacher(id=1, name=赵老师, age=25)
```

图 6-7　第一次查询，数据来自数据库

然后刷新浏览器，如图 6-8 所示，说明将第一次查询的数据成功存放到了 Redis 中，第二次就直接从 Redis 中获取数据。至此，Spring Boot 整合 Redis 便成功了。

```
←  →  C    ⓘ localhost:8081/demo/teacher/findById?id=1

从缓存中获得数据: Teacher(id=1, name=赵老师, age=25)
```

图 6-8　第二次查询，数据来自 Redis

6.5　Spring Boot 整合 Spring Security

Spring Security 是一个能够为基于 Spring 的企业应用系统提供声明式的安全访问控制解决方案的安全框架。Spring Security 对 Web 安全性的支持依赖于 Servlet 过滤器。这些过滤器会拦截进入请求，并且在应用程序处理该请求之前进行某些安全处理。现在很多的项目都使用了 Spring Security 或者类似的框架进行登录安全以及按权限安全访问接口等操作。所以下面介绍如何在 Spring Boot 中整合 Spring Security。

微课 6-5

6.5.1　项目引入 Spring Security

在之前的基础上，将 Spring Security 依赖引入 pom.xml 文件，如程序清单 6-31 所示。

程序清单 6-31

```
<dependency>
    <groupId>org.springframework.boot</groupId>
    <artifactId>spring-boot-starter-security</artifactId>
</dependency>
```

重新启动项目后，在浏览器中访问"http://localhost:8081/demo/teacher/findById?id=1"，浏览器显示如图 6-9 所示。

图 6-9　浏览器显示

这说明已经成功地引入了 Spring Security。不进行配置时，默认的 Username（用户名）是 user，默认的 Password（密码）会在 Spring Security 启动的时候生成（在启动日志中可以看到），如图 6-10 所示。输入用户名和密码，单击"Sign in"按钮，页面会显示查询结果。

```
2021-04-01 10:00:38.417  INFO 1112 --- [         task-1] com.alibaba.druid.pool.Dr
2021-04-01 10:00:38.595  WARN 1112 --- [  restartedMain] JpaBaseConfiguration$JpaWe
2021-04-01 10:00:38.831  INFO 1112 --- [         task-1] org.hibernate.dialect.Dia
2021-04-01 10:00:39.317  INFO 1112 --- [  restartedMain] .s.s.UserDetailsServiceAu

Using generated security password: 75943fef-53e2-4e60-a5f8-5a8cb1cf5b08

2021-04-01 10:00:39.418  INFO 1112 --- [  restartedMain] o.s.s.web.DefaultSecurity
2021-04-01 10:00:39.523  INFO 1112 --- [  restartedMain] o.s.b.d.a.OptionalLiveRel
2021-04-01 10:00:39.531  INFO 1112 --- [  restartedMain] o.s.b.a.e.web.EndpointLin
```

图 6-10　默认的密码

6.5.2　配置用户以及分角色访问

在配置用户时，可以在 application.yml 文件里配置，也可以在配置类里配置。在 application.yml 文件里配置，如程序清单 6-32 所示。

程序清单 6-32

```
spring:
  security:
    user:
      name: admin
      password: admin
```

在 application.yml 文件里配置好后，重启项目，访问被保护的页面，浏览器自动跳转到登录页面，输入用户名"admin"、密码"admin"、单击"Sign in"按钮，登录成功并显示相应结果。

通常情况下，还需要实现"特定资源只能由特定角色访问"的功能。假设系统有两个角色——admin 和 user，admin 可以访问所有资源，user 只能访问特定资源。现在规定 admin 可以访问 CityController 和 TeacherController，user 只能访问 CityController。这时需要创建 Spring Security 的配置类 SecurityConfiguration 来配置用户登录信息、接口拦截信息等，如程序清单 6-33 所示。其中，{}标注的表示加密方式，{noop}表示不加密。

程序清单 6-33

```
@Configuration
```

```
@EnableWebSecurity
public class SecurityConfiguration extends WebSecurityConfigurerAdapter {

    @Override
    protected void configure(AuthenticationManagerBuilder auth) throws
Exception {
        auth
                .inMemoryAuthentication()
                .withUser("admin").password("{noop}admin").roles("USER",
"ADMIN")
                .and()
                .withUser("user").password("{noop}user").roles("USER");
    }
    @Override
    protected void configure(HttpSecurity http) throws Exception {
        http
                .authorizeRequests()
                .antMatchers("/city/**").hasRole("USER")
                .antMatchers("/teacher/**").hasRole("ADMIN")
                .anyRequest().authenticated()
                .and()
                .formLogin()
                .and()
                .httpBasic();
    }
}
```

SecurityConfiguration 配置类创建好之后，需要注释掉原有的 application.yml 文件中的配置，然后重启项目。为了演示，需要先注销登录，访问"http://localhost:8081/demo/logout"后单击"Log Out"按钮即可注销登录，如图 6-11 所示。

图 6-11　注销登录

注销登录后在浏览器中访问"http://localhost:8081/teacher/findById?id=1"。然后输入用户名"user"、密码"user"后，浏览器显示如图 6-12 所示。其中，"403"表示拒绝访问。此时把浏览器中的 URL 修改成"http://localhost:8081/city/findById?id=1"再按"Enter"键，浏览器显示如图 6-13 所示，说明配置成功。

图 6-12　拒绝访问

图 6-13　允许访问

6.5.3　从数据库中读取用户实现分角色访问

在实际开发中，用户名、密码以及用户角色是储存在数据库中的。接下来实现从数据库中读取用户，并结合 Spring Security 进行安全控制。为了方便，还是在之前的基础上进行操作。首先，在 teacher 表中新增 3 个字段 "account" "password" "role"，分别表示用户名、密码和角色，然后填充一些值，如图 6-14 所示。这里的密码是采用 BCryptPasswordEncoder 加密后获得的，BCryptPasswordEncoder 会在 SecurityConfiguration 中加入配置，原密码是123456。

id	age	name	account	password	role
1	25	赵老师	zhao	$2a$10$izeRDjGraHOODlMt.KOIYus.y46t3hxSFIR0BVot1cq1GAdeF2cae	ROLE_ADMIN,ROLE_USER
2	23	李老师	li	$2a$10$izeRDjGraHOODlMt.KOIYus.y46t3hxSFIR0BVot1cq1GAdeF2cae	ROLE_USER

图 6-14　teacher 表

然后，在 TeacherDao 中定义 findOneByAccount 方法，目的是根据用户名查询用户，如程序清单 6-34 所示。

程序清单 6-34

```
public interface TeacherDao extends JpaRepository<Teacher, Integer> {
    Teacher findOneByAccount(String account);
}
```

之后，创建 CustomUserDetailsService 类实现 Spring Security 定义好的 UserDetailsService 接口，并实现它的 loadUserByUsername 方法进行用户数据库校验，如程序清单 6-35 所示。这里就是实现登录的逻辑，先验证用户名是否存在，再设置好用户角色。而密码的校验是通过之前写的配置类 SecurityConfiguration 实现的。这次把之前写的注释掉，替换成刚刚定义好的 userDetailsService，实现把用户角色的固定校验改为从数据库中校验，如程序清单 6-36 所示。最后，重启项目进行验证。

程序清单 6-35

```java
@Component("userDetailsService")
public class CustomUserDetailsService implements UserDetailsService {

    @Autowired
    TeacherDao teacherDao;

    @Override
    public UserDetails loadUserByUsername(String account) throws
UsernameNotFoundException {
        // 1. 查询用户
        Teacher teacher = teacherDao.findOneByAccount(account);
        if (teacher == null) {
            //这里找不到就抛出异常
            throw new UsernameNotFoundException(account + "不存在");
        }
        // 2. 设置用户角色
        Collection<GrantedAuthority> grantedAuthorities = new ArrayList<>();
        String[] roles = teacher.getRole().split(",");
        for (String role : roles) {
            GrantedAuthority grantedAuthority = new
SimpleGrantedAuthority(role);
            grantedAuthorities.add(grantedAuthority);
        }
        return new org.springframework.security.core.userdetails.User
(account,teacher.getPassword(), grantedAuthorities);
    }
}
```

程序清单 6-36

```java
@Configuration
@EnableWebSecurity
public class SecurityConfiguration extends WebSecurityConfigurerAdapter {

    @Autowired
    private CustomUserDetailsService userDetailsService;

    @Override
    protected void configure(AuthenticationManagerBuilder auth) throws
Exception {
        auth.userDetailsService(userDetailsService)// 设置自定义的
userDetailsService
```

```
                    .passwordEncoder(new BCryptPasswordEncoder());
//                  .inMemoryAuthentication()
//                  .withUser("admin").password("{noop}admin").roles
("USER","ADMIN")
//                  .and()
//                  .withUser("user").password("{noop}user").roles("USER");
    }
    @Override
    protected void configure(HttpSecurity http) throws Exception {
        http
                .authorizeRequests()
                .antMatchers("/city/**").hasRole("USER")
                .antMatchers("/teacher/**").hasRole("ADMIN")
                .anyRequest().authenticated()
                .and()
                .formLogin()
                .and()
                .httpBasic();
    }
}
```

6.6 Spring Boot 项目打包并部署

微课 6-6

当项目编写完成后，需要将项目进行打包才能将其部署到服务器上运行使用。Spring Boot 项目部署的方式有两种：一种是传统的压缩成 war 包并将其部署到 Tomcat 中，其中，war 包可以把静态资源（如 HTML 文件等）打包进去；另一种是把项目压缩成 jar 包进行部署，而 jar 包不会把静态资源打包进去。

6.6.1 war 包部署

想要压缩成 war 包，首先需要修改项目下的 pom.xml 文件，将默认的 jar 方式改为 war 方式，如程序清单 6-37 所示。

程序清单 6-37

```
<!--默认为 jar 方式-->
<!--<packaging>jar</packaging>-->
<!--改为 war 方式-->
<packaging>war</packaging>
```

其次，排除内置的 Tomcat 容器，如程序清单 6-38 所示。

程序清单 6-38

```
<dependency>
    <groupId>org.springframework.boot</groupId>
    <artifactId>spring-boot-starter-web</artifactId>
```

```
        <exclusions>
            <exclusion>
                <groupId>org.springframework.boot</groupId>
                <artifactId>spring-boot-starter-tomcat</artifactId>
            </exclusion>
        </exclusions>
    </dependency>
```

之后，让启动类继承 SpringBootServletInitializer 类，再重写 configure 方法，如程序清单 6-39 所示。

程序清单 6-39

```
@SpringBootApplication
public class DemoApplication extends SpringBootServletInitializer {
    public static void main(String[] args) {
        SpringApplication.run(DemoApplication.class, args);
    }
    @Override
    protected SpringApplicationBuilder configure(SpringApplicationBuilder
builder) {
        return builder.sources(DemoApplication.class);
    }
}
```

此时在控制台执行命令 "mvn package" 或者使用 IDEA 中的 Maven 插件选择 "package" 进行打包，Maven 会把压缩好的 war 包存放在 target 目录下，如图 6-15 所示。

此外，还需将压缩好的 war 包复制到 Tomcat 的 webapps 目录下，将项目压缩成 war 包并部署到 Tomcat 就完成了。最后，双击 bin 下的 startup.bat 启动 Tomcat，如图 6-16 所示。在浏览器中输入 "localhost:8080/demo/login" 即可访问项目，如图 6-17 所示。

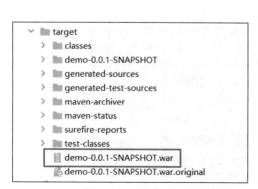

图 6-15　war 包

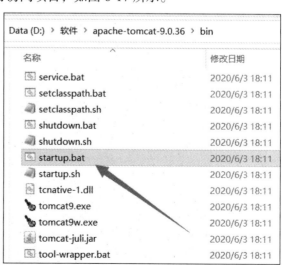

图 6-16　启动 Tomcat

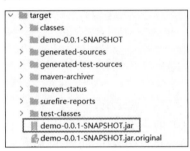

图 6-17　访问项目

6.6.2　jar 包部署

相比于压缩成 war 包，压缩成 jar 包要简单一些，开发者创建项目之后不需要做其他的修改，因为默认就是压缩成 jar 包。只要保证 pom.xml 文件中的打包方式不是 war、自带的 Tomcat 没有被排除、启动类没有重写 configure 方法，然后执行打包操作就能压缩成 jar 包。在控制台执行 "mvn package" 命令或者使用 IDEA 中的 Maven 插件选择 "pacakge" 进行打包，Maven 会在 target 目录下生成 jar 包，如图 6-18 所示。

图 6-18　jar 包

因为 Spring Boot 项目内嵌 Tomcat 等容器，所以压缩好的 jar 包可以直接使用 JDK 的 java 命令运行，无须额外安装 Tomcat。因此，打开命令提示符窗口，进到 jar 包所在目录，执行命令 "java -jar demo-0.0.1-SNAPSHOT.jar" 即可启动项目，如图 6-19 所示。

图 6-19　启动项目

如果到了生产环境的 Linux 操作系统，那么运行 "java -jar" 命令后在 SSH（Secare Shell，安全外壳协议）窗口关闭之后程序就会终止，想要后台运行可以执行命令 "nohup java -jar xxx.jar >log.txt &"。其中，"nohup" 代表不挂断运行命令，当账户退出或终端关闭时，程序仍然保持运行；">log.txt" 代表将运行日志输入 log.txt 中。

jar 包部署之后，访问接口的时候同样按照 "服务器 ip 地址:端口/接口" 格式访问即可。

6.6.3　Spring Boot 使用 Docker 构建镜像部署

对于 jar 包的部署，除了可以直接使用命令部署外，还可以使用 Docker 容器化技术进行部署。

Docker 使用 Go 语言进行开发实现，它基于 Linux 内核的 Cgroup、Namespace，以及 AUFS 类的 UnionFS 等技术对进程进行封装隔离，它属于操作系统层面的虚拟化技术。由于隔离的进程独立于宿主和其他隔离的进程，因此也称其为容器。

Docker 的核心是镜像和容器，镜像可以看作一个应用的安装包文件，而容器可以看作安装包安装好的可运行应用的程序，一个镜像文件可以运行多个容器。而使用 Docker 部署 jar 包的思想就是把 jar 包处理成镜像，然后通过镜像创建容器来运行 Java 程序。

对于 Docker 的安装和基本操作，这里不再赘述，读者可以自己上网查询资料进行学习。这里主要讲解如何使用 Docker 部署 jar 包，读者可以根据需要使用以下步骤来完成部署。

① 制作镜像。将压缩好的 jar 包存放到任意的文件夹中，并在同路径下创建 Dockerfile 文件，如程序清单 6-40 所示。

程序清单 6-40

```
FROM java:8
VOLUME /tmp
ADD demo-0.0.1-SNAPSHOT.jar demo.jar
ENTRYPOINT ["java","-jar","demo.jar"]
```

这里的 "demo-0.0.1-SNAPSHOT.jar" 为压缩好的 jar 包，最后两行的 "demo.jar" 为 jar 包在 Docker 容器中的名字。然后在 jar 包储存的路径下执行命令 "docker build -t demo ." 来制作镜像。"." 代表当前目录，"-t demo" 代表将镜像命名为 demo。执行命令 "docker images" 可以查看镜像。

② 通过镜像创建容器并运行。完成镜像的制作之后就可以通过镜像创建容器并运行，从而在容器中运行 Java 程序。执行命令 "docker run -p 8081:8081 -d --name demo demo"。该命令的含义是根据 demo 镜像创建容器并运行。其中，"-p 8081: 8081" 表示将外部端口 8081 映射到容器的 8081 端口，"-d" 表示在后台运行，"--name demo" 表示将容器命名为 demo，最后的 "Demo" 表示镜像。这样 Docker 部署 jar 包就完成了，可以通过 "IP 地址:8081/xxx" 的形式测试项目是否部署成功。

本章小结

本章主要讲解了如何使用 Spring Boot 整合数据源以及打包并部署项目。首先，讲解了整合数据源、整合数据库框架 MyBatis 及 JPA、缓存框架 Redis、安全访问框架 Spring Security 来进行项目开发，最后，讲解了对开发好的项目如何进行部署，主要讲解了 war 包部署、jar

包部署以及 Docker 镜像部署的方式。

本章练习

一、判断题

1. 项目中可以既使用 JPA 又使用 MyBatis。 （　　）
2. 项目中使用了 Redis 持久化数据就不用使用其他的数据库。 （　　）

二、简答题

1. 简述使用 MyBatis 搭建 Web 项目的步骤。
2. Docker 部署 jar 包需要使用哪些命令？

面试达人

面试 1：说说你使用 Security 的数据表结构。
面试 2：说说 jar 包和 war 包的区别。

第 7 章 微服务架构介绍

学习目标

- 了解单体架构、SOA 以及微服务架构设计特点。
- 了解微服务架构的功能特点和优势。
- 熟悉微服务开发和传统开发的不同以及微服务对数据库的挑战。

微课 7-0

随着互联网技术的迅速发展，人们对互联网产品的业务需求也不断地增加，传统的互联网产品已经无法满足广大用户的要求。面对市场激烈的竞争，互联网产品往往需要更多、更琐碎复杂的业务才能满足用户多元化的互联网体验。而传统架构下的互联网产品在面对复杂烦琐的业务、项目快速部署、项目的低成本维护以及可扩展创新时显得力不从心。在这样的情况下，微服务架构应运而生。本章将通过多方位的介绍和分析，带领读者认识微服务架构。

7.1 单体架构

7.1.1 单体架构介绍

微课 7-1

在互联网应用发展的早期，大部分的程序都是将 Web 应用所有的功能模块的表示层、业务层、数据访问层放到一起，最后通过 Maven 等工具进行统一打包，并将其部署在同一台服务器上，这样的架构就是单体架构。

例如，现在要做一个商城项目，经过考虑和分析使用 Spring Boot 框架来做这个项目，并且在项目初期就已经设计好了模块，商城项目单体架构如图 7-1 所示。

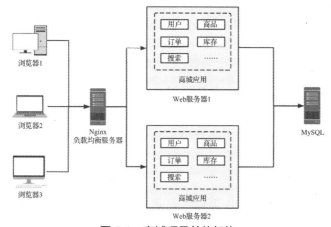

图 7-1 商城项目单体架构

图 7-1 所示的应用，尽管也是采用模块化逻辑，但是最终它还是会被打包并部署为单体应用。例如，一些 Java 应用会被打包为 war 格式，部署在 Tomcat 或者 Jetty 上；而另外一些 Java 应用则会被打包成 jar 格式并使用 JDK 运行。

这种应用开发风格很常见，因为常见的 IDE（Integrated Development Environment，集成开发环境）开发工具几乎都可以开发和打包这类单体应用。单体应用也容易部署，只需把要部署的 war 包或者 jar 包复制到服务器上后，使用 Tomcat 或者 JDK 即可运行。过去这类方式很受欢迎，甚至到目前也有很多项目这样的开发方式。

7.1.2 单体架构的缺陷

随着业务需求的不断增加，越来越多的人加入开发团队，代码库也在飞速地"膨胀"。慢慢地，单体架构的应用变得越来越"臃肿"，可维护性、灵活性逐渐降低，维护成本也越来越高。下面是单体架构的一些缺陷。

1. 复杂性高

随着业务的发展、需求的变更和开发人员的更迭，整个项目包含的模块越来越多，导致模块和模块的边界变得越来越模糊，依赖关系不清晰；又因为开发人员的更迭，每个人水平不一样，导致代码质量参差不齐，让有些代码变得非常混乱，使得整个项目变得非常复杂。开发人员在这样的项目中添加一个新功能或者修改代码时会小心翼翼，害怕修改之后影响其他功能模块的使用或者导致核心业务出现问题。

2. 项目重构难度大

采用单体架构的项目往往会有很多隐藏的小问题，并且随着时间的推移会越来越多。新的开发人员可能发现了原有设计的缺陷，但是因为整个项目太大且涉及的业务太多，所以不敢轻易地修改，整个项目进行重构的代价也变得非常大。

3. 部署效率低

单体架构虽然部署步骤简单，但是随着代码的增多，构建和部署的时间也会增加。而在单体应用中，每次功能的变更或缺陷的修复都会导致需要重新部署整个应用，不仅耗时长、影响范围大，而且风险高。

4. 稳定性差

应用的某个模块出现 bug，如死循环、OOM（Out of Memory，内存溢出）等，可能会导致整个应用的崩溃。

5. 性能提升受限

单体应用都是整体部署运行的，无法根据业务模块的需要进行伸缩。例如，应用中有的模块是计算密集型的，需要强大的 CPU（Central Processing Unit，中央处理器）处理能力；有的模块则是 I/O（Input/Output，输入输出）密集型的，需要更大的内存。由于这些模块部署在一起，因此不得不在硬件的选择上做出妥协。

6. 技术创新能力低

业务复杂和庞大的单体应用，主要追求业务的正常运转，对于性能好、敏捷的新型框架不敢轻易尝试替换，因为替换的成本和代价将非常大。

7.2　SOA

微课 7-2

　　针对单体架构的不足，为了满足大型 Web 应用开发和业务的需要，一些公司设计出 SOA（Service-Oriented Architecture，面向服务的架构）以便于支撑软件稳定运行。SOA 是一个组件模型，它将大型 Web 应用的不同业务功能单元拆分成服务，并通过这些服务之间定义好的接口和协议联系起来。接口是采用中立的方式进行定义的，它独立于实现服务的硬件平台、操作系统和编程语言。这使得构建在各种各样的系统中的服务可以以一种统一和通用的方式进行交互。SOA 如图 7-2 所示。

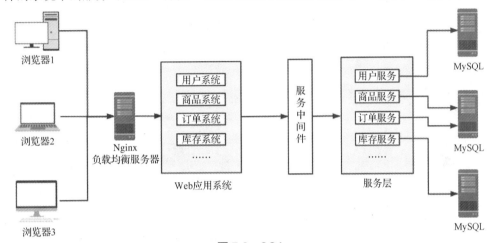

图 7-2　SOA

　　从图 7-2 中可以看出，SOA 将 Web 应用拆分成了不同的应用系统，并且通过服务中间件实现对服务的管理，可以一个服务使用独立的数据库，也可以多个服务共同使用一个数据库。可以看到，使用 SOA 在一定程度上弥补了一些单体架构的缺陷。下面是使用 SOA 的一些优势。

　　（1）将重复的功能抽取为服务，可提高开发效率和系统的可重用性。

　　（2）每个服务模块可以独立测试、部署，并且运行在独立的进程中。

　　（3）可以针对不同服务的特点制定集群及优化方案。

　　（4）采用 ESB（Enterprise Service Bus，企业服务总线），可以减少系统中的接口耦合等。

　　同样地，SOA 也存在一些缺陷，在 SOA 中系统与服务的界限依然模糊，服务接口协议不固定且种类繁多，不利于系统运营、维护；并且 SOA 在消息传送过程中也无法保证可靠性。

7.3　微服务架构

微课 7-3

　　了解了单体架构和 SOA 之后，读者知道了不管是单体架构还是 SOA，对于模块之间的相互访问都存在一定的问题，都有可能某个模块出现问题进而影响整个系统的使用。在大数据和高并发的环境下，系统架构面对着更加严苛的挑战。面对这样的情况，微服务架构就诞生了。

　　微服务的概念源于 2014 年 3 月 Martin Fowler（马丁·福勒）所写的一篇文章 *Microservices*。他指出微服务架构是一种架构模式。他提倡将单一应用程序划分成一组小的服务，服务之间互相协调、互相配合，为用户提供最终功能。每个服务运行在其独立的进程中，服务与服务间采用轻量级的通信机制互相沟通（通常是基于 HTTP 的 REST API，也可以采用消息队列来通信）。每个服务都围绕具体业务进行构建，并且能够被独立地部署到生产环境、类生产环境等。

微服务是一种架构风格，一个大型、复杂的软件的应用通常由一个或多个微服务组成。系统中的各个微服务可被独立部署，各个微服务之间是低耦合的。每个微服务仅关注一个任务并很好地完成该任务。在所有情况下，每个任务代表一个小的业务功能。如果之前的商城项目采用微服务架构设计开发的话，可以采用图 7-3 所示的微服务架构。

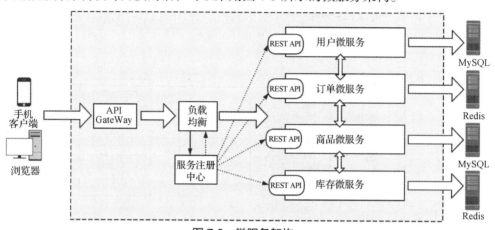

图 7-3　微服务架构

从图 7-3 可以看出，微服务架构中每一个模块都是单独的一个微服务，每个微服务都可以采用独立的数据库，微服务和微服务之间是低耦合的，可以通过 API 相互调用。开发新功能时只需要增加新的微服务即可，系统的可扩展性和维护性明显提高。同时微服务架构允许不同的微服务采用不同的编程语言开发，存储技术和部署方式也可以不同。当然，在企业中微服务通常使用同一种编程语言。

7.4　微服务架构的优势

通过对微服务架构的介绍读者发现了微服务架构的一些优势，但是微服务架构还有一些优势没有被发现，下面介绍一下微服务架构的主要优势。

微课 7-4

1. 复杂度低

微服务架构将应用按照业务单元拆分为多个微服务，每个微服务功能单一、代码少、复杂度低。

2. 可维护性高

微服务中新功能的增加或者原有功能的修改和更新不需要重新部署整个应用，只需要对单个微服务进行部署、维护即可，这样既可以保证其他模块的正常运行，也可以实现功能的添加和更新。

3. 基础设施推进自动化

业务粒度划分得越细，微服务架构拆分的微服务越多，但这样会导致其部署的次数增多，增加部署的时间和难度，并且测试多个微服务也非常麻烦，因此也促进了自动化测试和自动化部署技术的发展，如 Jenkins 自动化部署测试技术的出现等。

4. 稳定性好

单体架构中局部出现的故障可能导致整个应用的崩溃，但是微服务系统中每个微服务都是独立的进程，如果单个微服务内部出现了问题，故障会隔离在单个微服务内而不会影响其他微服务的运行。如果故障是因为微服务之间相互调用引起的，微服务提供了熔断机制，可实现服务的熔断和降级处理以保障系统的正常运行。

5. 技术选择灵活

微服务架构下，每个微服务都可以选择适合的技术栈进行开发，重构的代价也很低。

6. 扩展能力强

微服务架构可以根据应用的需求进行单一服务的功能扩展。

7.5　微服务开发与传统开发

微课 7-5

微服务开发因为与传统开发的架构体系本身的不同，所以也存在其他不同之处。

1. 分工不同

传统开发是一人开发一个功能，微服务开发则是一人开发一个微服务。

2. 架构不同

传统架构技术选型少，架构一旦决定了就不容易更改。而微服务架构中，不同的微服务可以根据业务需要采用不同的架构，更加灵活。但是微服务的拆分是一个技术含量很高的问题，拆分是否合理对项目之后的发展影响也很大。

3. 部署方式不同

传统开发可能部署一个 jar 包或者 war 包即可。而进行微服务开发的时候，如果服务很多可能不能像传统开发那样部署，否则需要部署很多次，所以脚本和自动化部署（例如，Jenkins 自动部署）必不可少。

4. 容灾不同

传统开发可能因为出现一个小的问题影响整个系统的运行。微服务开发中故障屏蔽在一个微服务内，或者使用熔断机制解决微服务之间相互调用的问题，保证了系统的正常运行。

5. 新模块开发不同

传统开发中，新模块开发往往只是在项目中新创建包而已。而微服务开发中，新模块开发可以放到独立的新的微服务中。

7.6　微服务对数据库的挑战

微课 7-6

微服务设计的另外一个关键就是数据库的设计。以前的单体架构都是一个应用对应一个数据库，那么如果换成了微服务，数据库的设计应该是怎么样的呢？现在主流的有 3 种方式。

方式一：所有的微服务通用一个数据库。这种设计在早期微服务开发使用较多。这种设计的优点是单一数据库开发简单、开发速度快、维护操作简单；缺点是稳定性和效率都不高，并且多个微服务访问表时可能出现锁表等情况。图 7-4 展示了微服务通用数据库设计。

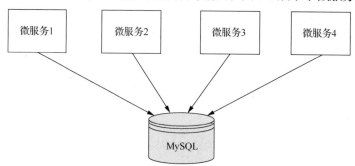

图 7-4　微服务通用数据库设计

方式二：每一个微服务都有自己独立的数据库，并且这个数据库只能微服务自己访问，其他微服务想要访问需要调用该微服务提供的接口才可以。这种设计的优点是每个专用数据库服务于一个微服务，数据库之间互相不影响，服务简单，并且数据库可以根据微服务业务进行选型，如 MySQL、Redis、MongoDB 等；缺点是更多的微服务和数据库增加了运维的开销，难以实现多个微服务跨进程间的事务、异步处理和整体测试等。图 7-5 展示了微服务专用数据库设计。

图 7-5　微服务专用数据库设计

方式三：将业务高度相关的表放到一个通用数据库中，将业务关系不是很紧密的表严格按照微服务模式来拆分并放到专用数据库中。这样既可以使用微服务，也避免了数据库分散导致后台系统统计功能难以实现的情况。这种设计的缺点是可能存在多个微服务调用通用数据库时导致锁表等缺陷。图 7-6 展示了微服务通用加专用数据库设计。

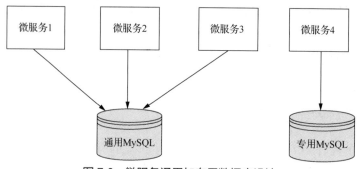

图 7-6　微服务通用加专用数据库设计

实际开发中要根据应用的实际业务去选择数据库的设计，尽可能选择最适合的数据库设计，并使用一些其他的技术弥补缺陷。

本章小结

本章首先介绍了开发技术演变过程中的 3 种架构，包括单体架构、SOA、微服务架构，主要从它们的架构设计方式和设计优缺点进行分析和讲解。还讲解了微服务架构本身的优势、微服务开发和传统开发的对比，以及微服务对数据库的挑战，为读者学习 Spring Cloud 微服务架构奠定了基础。

本章练习

一、判断题

1. 项目中按照功能模块来分任务开发，所以项目是微服务项目。　　　　　　（　　　）
2. 微服务拆分得越多证明项目的耦合性越低。　　　　　　　　　　　　　　（　　　）
3. 微服务项目中，每一个小功能要尽可能拆分为微服务，拆得越多越好。　　（　　　）

二、简答题

1. 简述微服务架构的优势。
2. 微服务开发和传统开发有哪些区别？

面试达人

面试 1：说说你对微服务的了解。
面试 2：单体架构、SOA 和微服务架构有什么区别？
面试 3：说说你是怎么设计微服务中的数据库的。

第 8 章　Spring Cloud 介绍

学习目标

- 了解 Spring Cloud 和同类产品的区别。
- 了解 Spring Cloud 体系及其核心组件。
- 了解 Spring Cloud 架构流程,以及版本相关知识。

通过第 7 章,读者了解了什么是微服务以及微服务架构的特点和它的数据库设计方式。微服务架构在现如今十分流行,而采用微服务架构构建系统也会带来更清晰的业务划分和更好的可扩展性。同时,支持微服务的技术栈也是多种多样的。本章将开启微服务架构——Spring Cloud 的探索之旅。

8.1　Spring Cloud 概述

Spring Cloud 是一个服务治理平台,是若干个框架的集合,它提供了全套的分布式系统解决方案,包含服务注册与发现、配置中心、服务网关、智能路由、负载均衡、断路器、监控跟踪、分布式消息队列等。换言之,Spring Cloud 为常见的分布式系统模式提供了简单、易用的编程模型,可帮助开发人员构建弹性、可靠和协调的应用程序。

Spring Cloud 建立在 Spring Boot 的基础之上,使开发人员可以轻松上手并快速提高开发效率。Spring Boot 专注于快速、简便地开发单体微服务。Spring Cloud 是关注全局的微服务协调治理框架,它将 Spring Boot 开发的一个个单体微服务整合并管理起来,为各个微服务之间提供配置管理、服务发现、断路器、路由、微代理、事件总线、全局锁、决策竞选、分布式会话等集成服务。Spring Boot 可以离开 Spring Cloud 独立使用开发项目,但是 Spring Cloud 却离不开 Spring Boot。

Spring Cloud 架构如图 8-1 所示。其中,IoT(Internet of Things,物联网)表示物联网设备,Mobile 表示移动端,Browser 表示浏览器,这 3 个表示微服务架构中的客户端。API Gateway 表示网关,负责分发请求给相应的服务。Service registry 表示注册中心,保存了各个服务所在的计算机和端口号。Config server 表示配置中心,为整个微服务提供集中的配置管理。Microservices 表示每个服务,每个服务只负责某一具体的功能业务。Distributed tracing 表示分布式追踪,负责收集每个服务的运行数据,以便故障排查和系统优化。

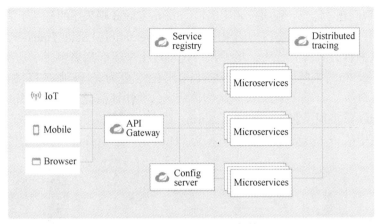

图 8-1　Spring Cloud 架构

8.2　Spring Cloud、Spring Cloud Alibaba、Dubbo 对比

微课 8-2

Spring Cloud 中几乎所有的组件都使用 Netflix 公司的产品，因为 Spring Cloud 本身其实只是一套微服务规范，并不是一个可直接使用的框架。Spring Cloud Netflix 为开发者提供了这套规范的实现方式。由于 Spring Cloud Netflix 于 2018 年 12 月 12 日进入维护模式，而 Netflix 公司的服务发现组件 Eureka 也已经停止更新，所以不太适合长期使用。

2019 年 7 月 24 日，Spring 官方社区在官方博文中宣布了 Spring Cloud Alibaba 正式从 Spring Cloud Incubator "毕业"，成为 Spring 社区的正式项目。与 Spring Cloud Netflix 类似，Spring Cloud Alibaba 也是一套微服务解决方案，包含开发分布式应用微服务的必需组件，方便开发者通过 Spring Cloud 编程模型轻松地使用这些组件来开发分布式应用微服务。依托 Spring Cloud Alibaba，开发者只需要添加一些注解和少量配置，就可以将 Spring Cloud 应用接入阿里微服务解决方案，通过阿里中间件来迅速搭建分布式应用系统。表 8-1 展示了 Spring Cloud Netflix 和 Spring Cloud Alibaba 在具体解决方案上的差异。

表 8-1　Spring Cloud Netflix 和 Spring Cloud Alibaba 在具体解决方案上的差异

解 决 方 案	Spring Cloud Netflix	Spring Cloud Alibaba
服务注册/发现	Eureka	Nacos
服务调用方式	Feign	Dubbo RPC
服务熔断	Hystrix	Sentinel
负载均衡	Ribbon	Dubbo LB
服务路由和过滤	Zuul	Dubbo Proxy
分布式配置	Archaius	Nacos

Dubbo 是阿里巴巴开源的一个 SOA 服务治理解决方案，其架构如图 8-2 所示。Dubbo 通过注册中心对服务进行整合，将每个服务的信息汇总，包括服务的组件名称、地址、数量等。服务的消费者在请求某项服务时首先通过中心组件获取提供这项服务的实例的信息，再通过默认或自定义的策略选择该服务的某一提供者直接进行访问。

Dubbo 只支持 RPC（Remote Procedure Call，远程过程调用），这使得服务提供者与消费者在代码上产生了强依赖，服务提供者需要不断将包含公共代码的 jar 包打包出来供消费者使用。一旦打包出现问题，就会导致服务调用出错。Spring Cloud 则采用的是基于 HTTP（Hypertext Transfer Protocol，超文本传输协议）的 REST（Representational State Transfer，描述性状态迁移）方式。而这两种方式各有优劣，虽然从一定程度上来说，后者牺牲了服务调用的性能，但也避免了原生 RPC 带来的问题。而且 REST 相比 RPC 更为灵活，服务提供者和消费者的依赖只依靠"一纸契约"，不存在代码级别的强依赖，这在快速演化的微服务环境下显得更加合适。另外，Dubbo 只实现了服务治理，而 Spring Cloud 则覆盖了微服务架构下的方方面面，服务治理只是其中的一个方面，一定程度来说，Dubbo 只是 Spring Cloud 中的一个子集。

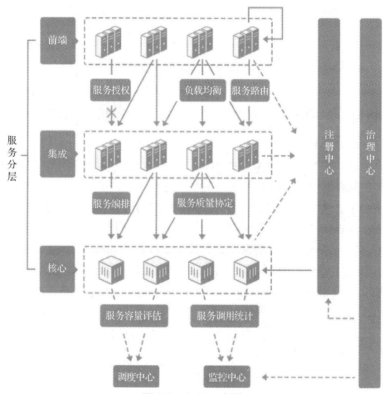

图 8-2　Dubbo 架构

8.3　Spring Cloud 体系介绍

微课 8-3

　　Spring Cloud 是一系列框架的有序集合，为开发人员构建微服务架构提供了完整的解决方案。Spring Cloud 根据分布式服务协调治理的需求成立了许多子项目，每个项目可通过特定的组件去实现。下面讲解 Spring Cloud 包含的常用组件以及模块。

　　（1）Spring Cloud Config：分布式配置中心，负责把配置放到远程服务器上，集中管理集群配置。目前支持本地存储、Git 和 Subversion（简称 SVN）。

　　（2）Spring Cloud Netflix：核心组件，负责对多个 Netflix OSS 开源套件进行整合，包含的组件有 Eureka、Hystrix、Ribbon、Feign、Zuul。

　　（3）Spring Cloud Bus：事件、消息总线，用于在集群中传播状态变化，可与 Spring Cloud Config 联合使用实现热部署。

　　（4）Spring Cloud Stream：数据流操作开发包，可与 Redis、RabbitMQ、Kafka 等消息中

间件联合使用进行消息发送与接收。

（5）Spring Cloud Sleuth：服务追踪框架，可与 Zipkin、Apache HTrace 和 ELK 等数据分析、服务跟踪系统进行整合，为跟踪服务、解决问题提供便利。

8.4 Spring Cloud 核心组件

微课 8-4

实际上，Spring Cloud 是一个"全家桶式"的技术栈，包含很多组件。它的五大核心组件分别是 Eureka、Zuul、Ribbon、Hystrix、Spring Cloud Config。

1. Eureka

注册中心是一个单独的服务，主要负责服务的注册与发现。Eureka 主要由 Eureka 服务端（Eureka Server）和 Eureka 客户端（Eureka Client）组成，其介绍如下。

Eureka 服务端：也称服务注册中心，支持高可用配置。如果 Eureka 以集群模式部署，当集群中有分片出现故障时，那么 Eureka 就转入自我保护模式。它允许在分片故障期间继续提供服务的注册和发现，当故障分片恢复运行时，集群中其他分片会把它们的状态再次同步回来。

Eureka 客户端：主要处理服务的注册与发现。客户端服务通过注解和参数配置的方式，嵌入客户端应用程序的代码中，在应用程序运行时，Eureka 客户端希望服务注册中心注册自身提供的服务并周期性地发送心跳来更新它的服务租约。同时，它也能从服务端查询当前注册的服务信息并把它们缓存到本地并周期性地刷新服务状态。

Eureka Server 的高可用实际上就是将自己作为服务向其他服务注册中心注册自己，这样就可以形成一组互相注册的服务注册中心，以实现服务清单的互相同步，达到高可用效果。

2. Zuul

现在的项目一般都是采用前后端分离的方式，如果没有网关，那么前端要维护上百个后端接口，这么多接口直接对外暴露，极其烦琐、复杂。客户端所有的请求都可以通过 Zuul 这个入口来访问后端服务。Zuul 主要包含代理、路由、过滤三大功能。

Zuul 通过与 Eureka 进行整合，将自身注册为 Eureka 服务治理下的应用，同时从 Eureka 中获得所有其他微服务的实例信息。对于路由规则的维护，Zuul 默认会通过以服务名作为 ContextPath 的方式来创建路由映射。Zuul 提供了一套过滤器机制，目前已实现对微服务接口的拦截和校验。

3. Ribbon

Ribbon 是一个基于 HTTP 和 TCP（Transmission Control Protocol，传输控制协议）的客户端负载均衡器，它通过客户端中配置的 RibbonServerList 服务实例清单去轮询访问以达到服务均衡的作用。当 Ribbon 和 Eureka 联合使用时，Ribbon 的服务实例清单 RibbonServerList 会被 DiscoveryEnabledNIWSServerList 重写，扩展成从 Eureka 注册中心中获取的服务端实例清单。同时它也会用 NIWSDiscoveryPing 来取代 IPing，它将职责委托给 Eureka 来确定服务端是否已经启动。

在客户端负载均衡中，所有客户端节点都维护着自己要访问的服务端实例清单，而这些服务端实例清单来自服务注册中心（如 Eureka）。在客户端负载均衡中也需要心跳去维护服务端实例清单的"健康"，只是这个步骤需要与服务注册中心配合完成。

4. Hystrix

在微服务架构中，存在非常多的服务单元，若一个单元出现故障，就很容易因依赖关系而引发故障的蔓延，最终导致整个系统的瘫痪，这样的架构相较传统架构更加不稳定。为了解决这样的问题，产生了断路器等一系列服务保护机制。

在分布式架构中，当某个服务单元发生故障之后，通过断路器的故障监控，向消费者返回一个错误响应，而不是长时间的等待。这样就不会使得线程因调用故障服务被长时间占用不释放，避免故障在分布式系统中的蔓延。

Hystrix 具备服务降级、服务熔断、线程和信号隔离、请求缓存、请求合并以及服务监控等强大功能。Hystrix 使用舱壁模式实现线程池的隔离，它为每一个依赖服务创建一个独立的线程池，这样就算某个依赖服务出现延迟过高的情况，也只是对该依赖服务的调用产生影响，而不会拖慢其他的依赖服务。

5. Spring Cloud Config

Spring Cloud Config 是分布式配置中心，是一个解决分布式系统的配置管理方案。它包含 Client 和 Server 两个部分，Server 提供配置文件的存储，以接口的形式将配置文件的内容提供出去；Client 通过接口获取数据，并依据此数据初始化自己的应用。

8.5　Spring Cloud 架构流程简介

相对于传统的单体架构，微服务架构引入了太多的概念，让新手有点无可适从。所以，开发者要清楚哪些是自身需要的。下面分析一下哪些组件是开发一个使用微服务架构的系统所必需的。

微课 8-5

使用微服务架构进行开发的 4 个步骤如下。

① 沿用组织中现有的技术体系开发具有单一功能的微服务。

② 服务提供者将服务地址信息注册到注册中心，消费者从注册中心获取服务地址。

③ 通过服务网关将微服务 API 暴露给前端。

④ 将管理端模块集成到统一的操作界面上。

为了实现以上 4 点，相对应的就是需要掌握的核心组件：Eureka、Ribbon 对应第①步与第②步；Zuul 对应第③步；Hystrix 和 Spring Cloud Config 对应第④步。

8.6　Spring Cloud 版本说明和 Spring Boot 版本选择

Spring Cloud 是一个由众多独立子项目组成的大型综合项目，每个子项目有不同的发行节奏，都维护着自己的发布版本号。Spring Cloud 通过一个资源清单（Bill of Material，BOM）来管理每个版本的子项目清单。为避免与子项目的发布版本号混淆，Spring Cloud 没有采用版本号的方式，而是通过命名的

微课 8-6

方式。这些版本名称采用了伦敦地铁站的名称，同时根据字母表的顺序来对应版本时间顺序，如最早的版本是 Angel，第二个版本是 Brixton，然后是 Camden、Dalston、Edgware、Finchley、Greenwich，完稿时最新的是版本 Hoxton。可以发现，首字母越靠后版本越新。

Spring Cloud 的版本名称通常是由"版本号+小版本名称"组成的。所以，每个版本又包含许多小版本，这些小版本使用不同的代号表示。SNAPSHOT 表示快照版（可能会被修改），BUILD-xxx 表示开发版，GA 表示稳定版，M 表示里程碑版，RC 表示候选发布版，SR 表示

正式发布版。每个小版本中的发布顺序通过数字区分，例如，Finchley M1 版本表示 Finchley 大版本的第一个里程碑版。

其实，Spring Cloud 各个版本之间的组件变化并不大，只有一些细节略有不同，例如，配置项名称、新的配置方式等。日常开发选择组件版本时最好根据 Spring Cloud 版本查询对应的组件，否则很有可能会因为版本不匹配导致兼容问题。

因为 Spring Cloud 是依赖于 Spring Boot 的，所以也要考虑 Spring Cloud 和 Spring Boot 的版本对应关系，就像 Spring Boot 需要依赖对应版本的 Spring 一样。表 8-2 列举了两者的版本对应关系。

表 8-2　Spring Cloud 和 Spring Boot 的版本对应关系

Spring Cloud 版本	Spring Boot 版本
Hoxton	Spring Boot 2.2.x
Greenwich	Spring Boot 2.1.x
Finchley	Spring Boot 2.0.x
Dalston、Edgware	Spring Boot 1.5.x
Camden	Spring Boot 1.4.x
Brixton	Spring Boot 1.3.x
Angel	Spring Boot 1.2.x

本章小结

本章首先介绍了 Spring Cloud 和 Dubbo，并将 Spring Cloud 和 Spring Cloud Alibaba 进行了对比。其次，简单介绍了 Spring Cloud "庞大的家族"，并详细介绍了它的五大核心组件，为读者接下来的学习奠定基础。最后，介绍了 Spring Cloud 的架构流程和它的版本含义，强调了在版本选择上要和 Spring Cloud 版本一一对应，否则会出现意想不到的兼容问题。

本章练习

一、判断题

1. 微服务就是指 Spring Cloud。　　　　　　　　　　　　　　　　　　　　（　　）
2. Spring Cloud 和 Spring Boot 没有关系。　　　　　　　　　　　　　　　（　　）

二、简答题

1. 简述 Spring Cloud 和 Spring Cloud Alibaba 的区别。
2. Spring Cloud 的 Finchley M1 版本号有什么含义？

面试达人

面试 1：Spring Cloud 有哪些优点？
面试 2：列举 Spring Cloud 核心组件，并说说它们的作用。

第 9 章　Spring Cloud 快速入门

学习目标

- 了解 Eureka 服务注册与发现。
- 掌握 Eureka Server 和 Eureka Client 的搭建方法。
- 了解微服务之间的交互方式。

微课 9-0

通过第 8 章，读者了解了 Eureka 是 Netflix 公司开发的 Spring Cloud 的核心组件之一，本章将详细介绍一下它的服务注册与发现机制，并搭建基础的微服务。

9.1　Eureka 服务注册与发现

Eureka 分为 Eureka Server 和 Eureka Client，以实现服务注册以及服务发现的功能。当其是 Eureka Server 时，便是服务端，也叫服务注册中心，所有的客户端会向其注册。注册中心的服务注册表中将会存储所有可用服务节点的信息，服务节点信息可以通过访问注册中心直观地查看。当其是 Eureka Client 时，便是客户端，也叫实例，可以向注册中心将自己注册进去，也可以从注册中心获取其他实例的服务信息。

微课 9-1

Eureka Client 启动后，会向 Eureka Server 发送心跳进行服务续约，默认 30s 发送一次心跳，告诉 Eureka Server "我还活着"，防止 Eureka Server 将它从服务注册表中移除。如果 Eureka Server 在多个心跳周期（默认为 90s）内没有接收到某个服务的心跳，便会从服务注册表中把相应的服务节点移除。Eureka Client 还具有缓存功能，即当 Eureka Client 注册到 Eureka Server 时，彼此会进行数据同步，也就是 Eureka Client 会缓存一份 Eureka Server 中的服务注册表。当需要调用服务的时候，Eureka Client 会从自己缓存的服务注册表中去检索对应的服务信息，当需要调用的服务不可用时才会从注册中心获取。Eureka 通过心跳检查和缓存更新机制，不仅可提高性能，也使系统具有高可用性。因为即便 Eureka Server 宕机，也依然可以利用缓存中的信息调用服务。

因为服务之间可以互相调用，所以 Eureka Client 分为两种角色，分别是服务提供者和服务消费者。服务提供者通过向注册中心发送心跳进行服务续约，使得服务消费者能够通过从注册中心获取到的最新可用服务列表来调用相应的服务。很多情况下，Eureka Client 既是服务提供者，供其他服务调用；同时也是服务消费者，通过调用其他服务实现业务功能。

9.2　搭建 Eureka Server 服务注册中心

了解了 Eureka 的作用之后，这里搭建一个 Eureka Server 注册中心。首先

微课 9-2

使用 IDEA 创建一个名为 "eureka-server" 的 Spring Boot 项目，如图 9-1 所示。之后，在 "Dependencies" 界面中勾选 "Spring Cloud Discovery" 中的 "Eureka Server"，如图 9-2 所示。

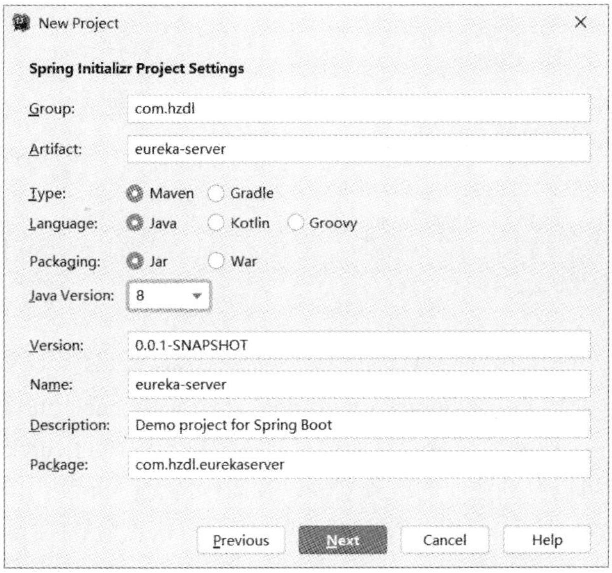

图 9-1　创建项目

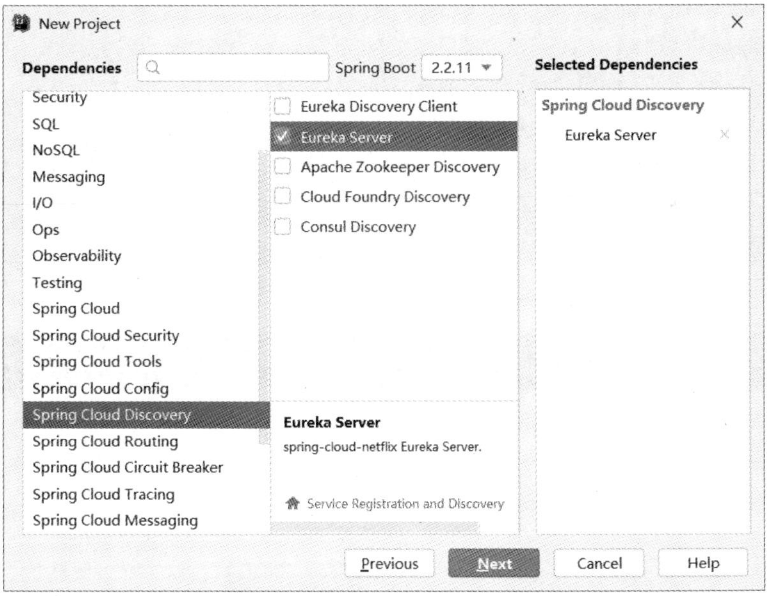

图 9-2　勾选 "Eureka Server"

创建好后，项目自动生成的配置文件为 "application.properties"。为了方便，此处使用 YAML 配置方式，只需要将配置文件扩展名改成 ".yml" 即可。然后在 application.yml 中写入 eureka-server 配置，如程序清单 9-1 所示。server.port 配置服务的端口号为 7000，spring.application. name 配置服务的名称为 eureka-server。register-with-eureka 表示是否向 Eureka Server 注册，这里需要设置为 false，因为它自己就是 Eureka Server，不需要向自己注册。fetch-registry 表示是否从 Eureka Server 获取注册信息，同理也要设置为 false。service-url.defaultZone 表示注册中心地址，其中${server.port}对应上方设置的服务端口号。

程序清单 9-1

```
server:
  port: 7000
spring:
  application:
    name: eureka-server
eureka:
  client:
    register-with-eureka: false
    fetch-registry: false
    service-url:
      defaultZone: http://localhost:${server.port}/eureka/
```

此时，在项目启动类 EurekaServerApplication 前添加@EnableEurekaServer 开启 Eureka Server，如程序清单 9-2 所示。最后，启动项目，在浏览器中访问 eureka-server，如图 9-3 所示。通过这个页面，可以看到注册的服务列表以及运行情况。当然，由于现在 Eureka Server 上没有注册任何 Eureka Client，所以中间的实例列表提示信息为"No instances available"。

程序清单 9-2

```
@SpringBootApplication
@EnableEurekaServer
public class EurekaServerApplication {
    public static void main(String[] args) {
        SpringApplication.run(EurekaServerApplication.class, args);
    }
}
```

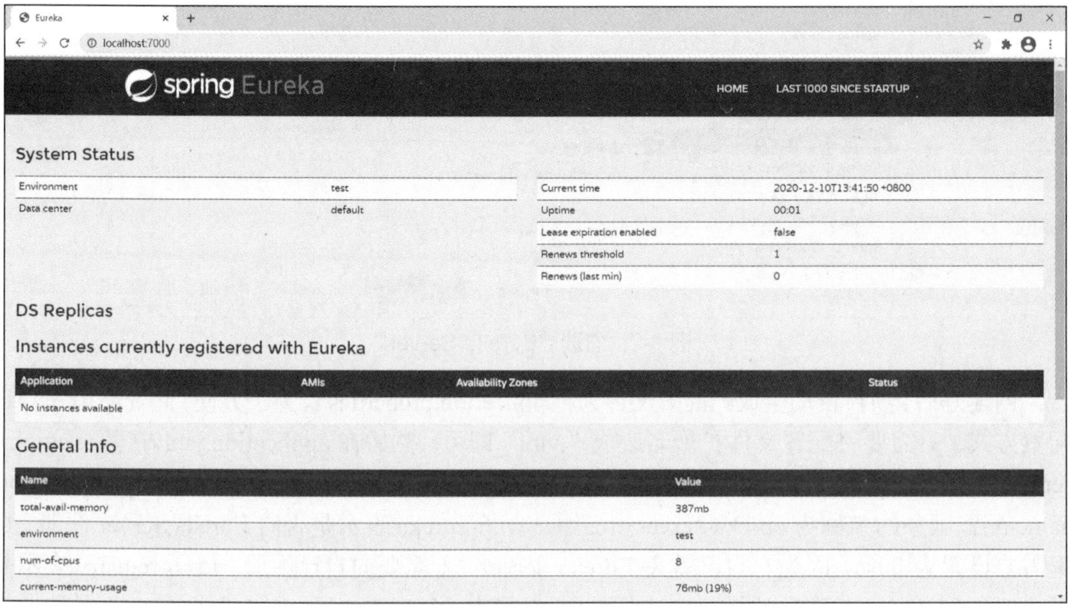

图 9-3　访问 eureka-server

9.3 搭建 Eureka Client 商品微服务

微课 9-3

在 9.2 节中搭建了 Eureka Server，本节将搭建一个 Eureka Client 商品（goods）微服务，实现简单的查询商品的功能。首先使用 IDEA 创建一个名为 goods 的 Spring Boot 项目，如图 9-4 所示。之后，在"Dependencies"界面中勾选"Web"中的"Spring Web"，如图 9-5 所示；还要勾选"Spring Cloud Discovery"中的"Eureka Discovery Client"，如图 9-6 所示。

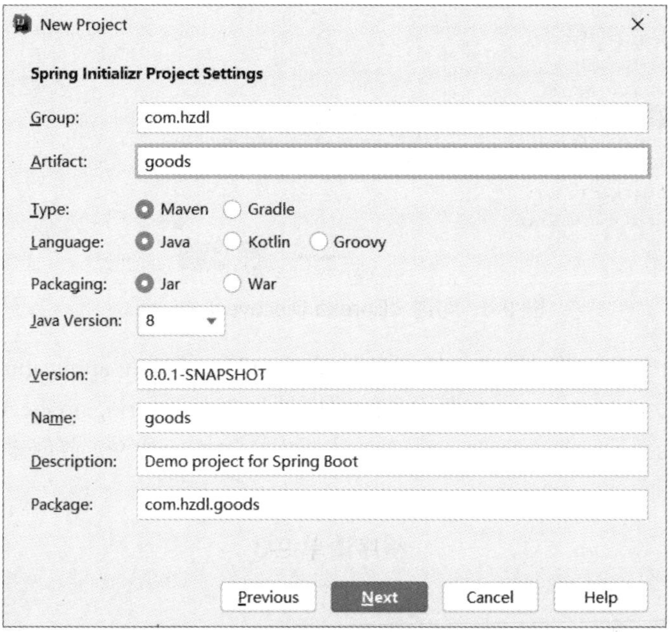

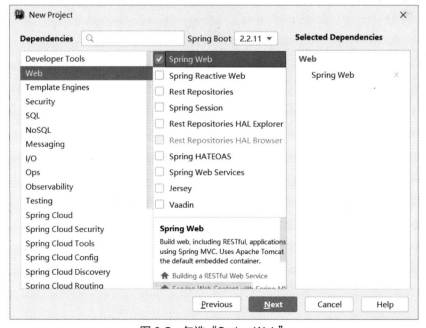

图 9-4　创建项目

图 9-5　勾选"Spring Web"

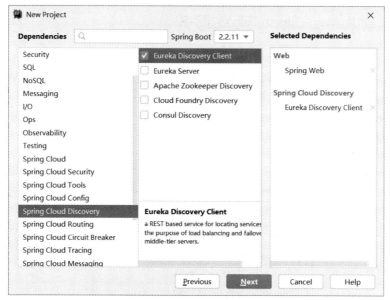

图 9-6　勾选 "Eureka Discovery Client"

创建好后，同样地，将配置文件扩展名改成 ".yml"。然后在 application.yml 中写入配置，如程序清单 9-3 所示。server.port 配置服务的端口号为 7001，spring.application.name 配置服务的名称为 goods。service-url.defaultZone 表示注册中心地址，和 9.2 节创建的 eureka-server 中的注册中心地址一样。

程序清单 9-3

```
server:
  port: 7001
spring:
  application:
    name: goods
eureka:
  client:
    service-url:
      defaultZone: http://localhost:7000/eureka/
```

在项目启动类 GoodsApplication 前添加@EnableEurekaClient 开启 Eureka Client，如程序清单 9-4 所示。

程序清单 9-4

```
@SpringBootApplication
@EnableEurekaClient
public class GoodsApplication {
    public static void main(String[] args) {
        SpringApplication.run(GoodsApplication.class, args);
    }
}
```

创建图 9-7 所示的商品微服务结构，来实现简单的商品查询功能。controller 表示接口层，用于响应 HTTP 请求。entity 用于存放实体类，创建一个名为 Goods 的商品类。service 表示服务层，controller 通过调用 service 实现功能。impl 中是服务层的实现。

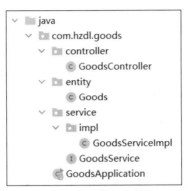

图 9-7　商品微服务结构

编写具体代码。先定义 Goods 实体类，如程序清单 9-5 所示。类上面的 3 个注解使用的是 Lombok 注解，需要引入依赖包，具体请参见 3.2 节。这里定义了 3 个属性，分别是 id（商品 ID）、name（商品名称）和 price（商品价格）。

程序清单 9-5

```
@Data
@AllArgsConstructor
@NoArgsConstructor
public class Goods {
    //商品 ID
    private Integer id;
    //商品名称
    private String name;
    //商品价格
    private Integer price;
}
```

定义 GoodsService 接口，如程序清单 9-6 所示。两个接口方法分别用于查询所有商品和根据 ID 查询商品。

程序清单 9-6

```
public interface GoodsService {
    //查询所有商品
    List<Goods> findAll();
    //根据 ID 查询商品
    Goods findById(Integer id);
}
```

定义 GoodsService 接口的实现类 GoodsServiceImpl，如程序清单 9-7 所示。为了实现查询功能，需要假设一些数据。首先，定义一个常量 goodsMap，用于存储商品集合。其次，在静态代码块中构造 3 个商品对象，并将其添加进 goodsMap。之后，实现 GoodsService 接口中的两个方法，查询所有商品则返回 goodsMap 保存的所有商品，根据 ID 查询商品则返回由 goodsMap 根据 key 获取的 value，即对应 ID 的商品。

程序清单 9-7

```java
@Service
public class GoodsServiceImpl implements GoodsService {
    //初始化商品集合
    private static final Map<Integer,Goods> goodsMap = new HashMap<>();
    static {
        Goods goods1 = new Goods(1,"手机",1000);
        Goods goods2 = new Goods(2,"电脑",3000);
        Goods goods3 = new Goods(3,"洗衣机",2000);
        goodsMap.put(goods1.getId(),goods1);
        goodsMap.put(goods2.getId(),goods2);
        goodsMap.put(goods3.getId(),goods3);
    }
    @Override
    public List<Goods> findAll() {
        return new ArrayList<>(goodsMap.values());
    }
    @Override
    public Goods findById(Integer id) {
        return goodsMap.get(id);
    }
}
```

另外，定义 GoodsController 类，如程序清单 9-8 所示。这里定义了两个接口 "all" 和 "one"，分别通过调用 GoodsService 的实现方法来实现查询商品的功能。最后，启动商品微服务，在浏览器中进行测试，如图 9-8 和图 9-9 所示。

程序清单 9-8

```java
@RestController
@RequestMapping("goods")
public class GoodsController {
    @Autowired
    private GoodsService goodsService;
    //查询所有商品
    @RequestMapping("all")
    public Object all(){
        return goodsService.findAll();
    }
    //根据ID查询商品
```

```
    @RequestMapping("one")
    public Object one(Integer id){
        return goodsService.findById(id);
    }
}
```

图 9-8　查询所有商品　　　　　　　　　　图 9-9　根据 ID 查询商品

9.4　搭建 Eureka Client 订单微服务

9.3 节中搭建了一个商品微服务，本节将搭建一个订单（order）微服务，实现简单的查询订单的功能。通常订单只保存商品的 ID，而用户在查询订单的时候需要看到商品的详细信息，所以就需要通过调用商品微服务来协助订单微服务实现此项功能。此时，商品微服务就是服务提供者，而订单微服务则是服务消费者。

微课 9-4

创建订单微服务，如图 9-10 所示，使用 IDEA 创建一个名为"order"的 Spring Boot 项目。同样地，在"Dependcies"界面中勾选"Web"中的"Spring Web"和"Spring Cloud Discovery"中的"Eureka Discovery Client"。

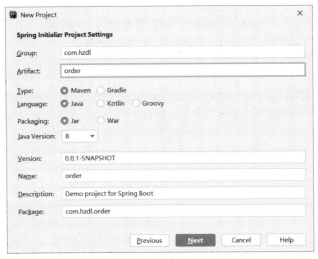

图 9-10　创建项目

创建好后，同样地，将配置文件扩展名改成".yml"。然后在 application.yml 中写入配置，如程序清单 9-9 所示。server.port 配置服务的端口号为 7002，spring.application.name 配置服务的名称为 order。service-url.defaultZone 表示注册中心地址。

程序清单 9-9

```
server:
  port: 7002
spring:
  application:
    name: order
eureka:
  client:
    service-url:
      defaultZone: http://localhost:7000/eureka/
```

在项目启动类 OrderApplication 前添加@EnableEurekaClient 注解开启 Eureka Client。和创建商品微服务一样，构建图 9-11 所示的订单微服务结构。因为订单微服务也需要用到商品类，所以把商品微服务的商品类 Goods 复制到 entity 中。

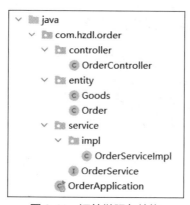

图 9-11　订单微服务结构

编写具体代码。先定义 Order 实体类，如程序清单 9-10 所示。这里定义了 3 个属性，分别是 id（订单 ID）、goodsId（商品 ID）和 time（下单时间）。

程序清单 9-10

```
@Data
@AllArgsConstructor
@NoArgsConstructor
public class Order {
    //订单 ID
    private Integer id;
    //商品 ID
    private Integer goodsId;
    //下单时间
```

```
    private String time;
}
```

定义 OrderService 接口，如程序清单 9-11 所示。两个接口方法分别用于查询所有订单和根据 ID 查询订单。

程序清单 9-11

```
public interface OrderService {
    //查询所有订单
    List findAll();
    //根据 ID 查询订单
    Object findById(Integer id);
}
```

定义 OrderService 接口的实现类 OrderServiceImpl，如程序清单 9-12 所示。为了实现查询功能，需要假设一些数据。首先，定义一个常量 orderMap，用于存储订单集合。其次，在静态代码块中构造 3 个订单对象，并将其添加进 orderMap。之后，使用 RestTemplate 调用商品微服务。RestTemplate 是由 Spring 提供的一个 HTTP 请求工具。除了 RestTemplate，也可以使用 Java 自带的 HttpURLConnection 或者经典的网络访问框架 HttpClient。在 Spring Boot 项目中，使用 RestTemplate 更方便一些。然后，实现 OrderService 接口中的 findAll 方法，查询所有订单则返回 orderMap 保存的所有订单，不过还要循环遍历调用 findGoodsById 方法查询出每个订单的商品信息，将其组合成一个集合返回。最后，实现 OrderService 接口中的 findById 方法，先根据订单 ID 查询出订单信息，再根据订单信息中的商品 ID 通过调用 findGoodsById 方法查询出对应的商品信息，并将它们组合成一条完整的订单信息返回。

程序清单 9-12

```
@Service
public class OrderServiceImpl implements OrderService {
    //初始化订单集合
    private static final Map<Integer,Order> orderMap = new HashMap<>();
    static {
        Order order1 = new Order(1,1,"2020-11-11 00:01");
        Order order2 = new Order(2,2,"2020-11-11 00:02");
        Order order3 = new Order(3,3,"2020-11-11 00:03");
        orderMap.put(order1.getId(),order1);
        orderMap.put(order2.getId(),order2);
        orderMap.put(order3.getId(),order3);
    }
    //自动注入 RestTemplate 对象
    @Autowired
    private RestTemplate restTemplate;
    //调用商品微服务，根据商品 ID 查询商品详情
    private Goods findGoodsById(Integer id){
        //使用 RestTemplate 访问商品微服务的查询接口
```

```
        ResponseEntity<Goods> responseEntity = restTemplate.getForEntity
("http://goods/goods/one?id="+id, Goods.class);
        return responseEntity.getBody();
    }
    @Override
    public List findAll() {
        //定义要返回的订单集合
        List orderList = new ArrayList();
        //遍历初始化的订单集合
        orderMap.forEach((k,v)->{
            //调用 findGoodsById 方法获取相应 ID 的商品对象
            Goods goods = findGoodsById(v.getGoodsId());
            //定义包含商品信息的订单信息
            HashMap order = new HashMap();
            order.put("订单 ID",k);
            order.put("下单时间",v.getTime());
            order.put("商品 ID",v.getGoodsId());
            order.put("商品名称",goods.getName());
            order.put("商品价格",goods.getPrice());
            //将订单信息添加进要返回的订单集合中
            orderList.add(order);
        });
        //返回订单集合
        return orderList;
    }
    @Override
    public Object findById(Integer id) {
        //获取相应 ID 的订单对象
        Order o = orderMap.get(id);
        //调用 findGoodsById 方法获取相应 ID 的商品对象
        Goods goods = findGoodsById(o.getGoodsId());
        //定义要返回的包含商品信息的订单信息
        HashMap order = new HashMap();
        order.put("订单 ID",id);
        order.put("下单时间",o.getTime());
        order.put("商品 ID",o.getGoodsId());
        order.put("商品名称",goods.getName());
        order.put("商品价格",goods.getPrice());
        //返回订单信息
        return order;
    }
}
```

写完之后发现 restTemplate 带红色波浪线，原因是没有指定要注入的对象。所以需要写配置类。不过为了简便，可以直接在启动类上写相应代码，如程序清单 9-13 所示。其中，@LoadBalanced 表示开启负载均衡，这时的 RestTemplate 便只能调用注册中心中注册的服务，并且通过服务名来调用。

程序清单 9-13

```
@SpringBootApplication
@EnableEurekaClient
public class OrderApplication {
    public static void main(String[] args) {
        SpringApplication.run(OrderApplication.class, args);
    }
    @Bean
    @LoadBalanced //开启负载均衡
    public RestTemplate restTemplate(){
        return new RestTemplate();
    }
}
```

定义 OrderController 类，如程序清单 9-14 所示。这里定义了两个接口“all”和“one”，分别通过调用 OrderService 的实现方法来实现查询订单的功能。启动订单微服务，在浏览器中测试查询所有订单和根据 ID 查询订单，结果如图 9-12 和图 9-13 所示。

程序清单 9-14

```
@RestController
@RequestMapping("order")
public class OrderController {
    @Autowired
    private OrderService orderService;
    //查询所有订单
    @RequestMapping("all")
    public Object all(){
        return orderService.findAll();
    }
    //根据 ID 查询订单
    @RequestMapping("one")
    public Object one(Integer id){
        return orderService.findById(id);
    }
}
```

访问注册中心，验证一下注册中心是否含有商品微服务和订单微服务的注册信息。结果如图 9-14 所示，可以看到，有两个微服务的注册信息。其中 UP 表示续约状态，如果为 DOWN 则表示下线状态。

```
← → C  ⓘ localhost:7002/order/all
[
  - {
        商品名称: "手机",
        下单时间: "2020-11-11 00:01",
        商品ID: 1,
        商品价格: 1000,
        订单ID: 1
    },
  - {
        商品名称: "电脑",
        下单时间: "2020-11-11 00:02",
        商品ID: 2,
        商品价格: 3000,
        订单ID: 2
    },
  - {
        商品名称: "洗衣机",
        下单时间: "2020-11-11 00:03",
        商品ID: 3,
        商品价格: 2000,
        订单ID: 3
    }
]
```

图 9-12 查询所有订单

```
← → C  ⓘ localhost:7002/order/one?id=3
{
    商品名称: "手机",
    下单时间: "2020-11-11 00:03",
    商品ID: 3,
    商品价格: 1000,
    订单ID: 3
}
```

图 9-13 根据 ID 查询订单

Instances currently registered with Eureka

Application	AMIs	Availability Zones	Status
GOODS	n/a (1)	(1)	UP (1) - LAPTOP-RMO4O7NO:goods:7001
ORDER	n/a (1)	(1)	UP (1) - LAPTOP-RMO4O7NO:order:7002

图 9-14 两个微服务的注册信息

9.5 微服务之间的交互——Feign

微课 9-5

Eureka Client 会保存各个服务的信息，其中包含各个服务的地址。那么服务之间到底是怎样通过这些信息进行交互的呢？Spring Cloud 服务间的调用默认支持两种方式——Ribbon 和 Feign，具体来说就是使用 RestTemplate 和 FeignClient 来调用。不管使用什么方式，本质上都是通过调用服务的 HTTP 接口进行交互，而参数和结果默认都是通过 Jackson 序列化和反序列化。

9.4 节通过 RestTemplate 在商品微服务和订单微服务之间进行了 HTTP 请求，在内部请求过程中使用了"http://goods/goods/one?id=id"，其中并没有涉及 IP 地址、域名和端口之类的东西，而是直接通过商品服务名的方式来调用的。正是由于添加了@LoadBalanced，才能加入 Ribbon 负载均衡器使用"改造"过的 RestTemplate。当 RestTemplate 发起请求时，请求会被 LoadBalancerInterceptor 拦截，实际的请求是由 LoadBalancer 发起的，LoadBalancer 会寻找默认或指定的负载均衡策略来对 HTTP 请求进行转发。

在实际开发中，由于对服务的依赖和调用可能不止一处，往往一个接口会被多处调用，所以通常都会针对各个服务自行封装一些客户端类来包装这些依赖服务的调用，此时如果使用 RestTemplate 进行封装，会发现几乎每一个调用都是简单的模板化内容。因此，为了简化自行封装服务调用客户端类的开发，Spring Cloud 提供了 Feign 对服务调用进行封装，由它来帮助开发者定义和实现依赖服务接口，开发者只需创建一个接口并用注解的方式来配置它，即可完成对服务提供方的接口绑定。

Feign 是一个声明式的 Web Service 客户端。Feign 提供了 HTTP 请求的模板，通过编写简单的接口和插入注解，就可以定义好 HTTP 请求的参数、格式、地址等信息。Feign 支持多种注解，包括 Feign 自带注解和 JAX-RS 注解等。用 Feign 的注解定义接口，调用这个接口（类似 controller 调用 service 应用），就可以完成服务请求及相关处理。Feign 整合了 Ribbon 和 Hystrix（将在第 12 章和第 13 章中进行讲解），可以让开发者不再需要显式地使用这两个组件。

本节将使用 Feign 的方式来实现 9.4 节订单微服务调用商品微服务的功能。首先，加入 Feign 依赖，如程序清单 9-15 所示。

程序清单 9-15

```xml
<dependency>
    <groupId>org.springframework.cloud</groupId>
    <artifactId>spring-cloud-starter-feign</artifactId>
    <version>1.4.5.RELEASE</version>
</dependency>
```

添加完依赖后需要开启 Feign，在启动类前添加@EnableFeignClients 即可，如程序清单 9-16 所示。

程序清单 9-16

```java
@SpringBootApplication
@EnableEurekaClient
@EnableFeignClients
public class OrderApplication {

    public static void main(String[] args) {
        SpringApplication.run(OrderApplication.class, args);
    }

}
```

在订单微服务中创建一个 GoodsService 接口，并在其上方加上@FeignClient，如程序清单 9-17 所示。@FeignClient 的 value 填写商品微服务的名称 goods，定义一个接口，在它的上方写上商品微服务对应的 controller 的 RequestMapping 即可。需要注意的是，这里需要使用@RequestParam 将请求参数绑定到对应的商品微服务的接口上才能实现调用，即@RequestParam 的值 "id" 和商品微服务相应 controller 方法 findById 的参数名要保持一致。

程序清单 9-17

```java
@FeignClient("goods")
public interface GoodsService {
```

```
@RequestMapping("/goods/one")
Goods findById(@RequestParam("id") Integer id);


}
```

然后，把 9.4 节使用 RestTemplate 调用的代码注释掉。注入 GoodsService 对象，调用它的 findById 方法即可，如程序清单 9-18 所示。最后，在浏览器中进行测试，结果如图 9-15 和图 9-16 所示，如此便实现了用 Feign 完成服务之间的调用。

程序清单 9-18

```
@Autowired
    private GoodsService goodsService;


@Override
public List findAll() {
    //定义要返回的订单集合
    List orderList = new ArrayList();
    //遍历初始化的订单集合
    orderMap.forEach((k,v)->{
        //调用 findGoodsById 方法获取相应 ID 的商品对象
        Goods goods = findGoodsById(v.getGoodsId());
        //换成 Feign 方式
        Goods goods = goodsService.findById(v.getGoodsId());
        //定义包含商品信息的订单信息
        HashMap order = new HashMap();
        order.put("订单 ID",k);
        order.put("下单时间",v.getTime());
        order.put("商品 ID",v.getGoodsId());
        order.put("商品名称",goods.getName());
        order.put("商品价格",goods.getPrice());
        //将订单信息添加进要返回的订单集合中
        orderList.add(order);
    });
    //返回订单集合
    return orderList;
}


@Override
public Object findById(Integer id) {
    //获取相应 ID 的订单对象
    Order o = orderMap.get(id);
    //调用 findGoodsById 方法获取相应 ID 的商品对象
    Goods goods = findGoodsById(o.getGoodsId());
```

```
        //换成 Feign 方式
        Goods goods = goodsService.findById(v.getGoodsId());
        //定义要返回的包含商品信息的订单信息
        HashMap order = new HashMap();
        order.put("订单ID",id);
        order.put("下单时间",o.getTime());
        order.put("商品ID",o.getGoodsId());
        order.put("商品名称",goods.getName());
        order.put("商品价格",goods.getPrice());
        //返回订单信息
        return order;
    }
```

图 9-15　查询所有订单　　　　图 9-16　根据 ID 查询订单

本章小结

本章首先介绍了 Eureka 的服务注册与发现过程。其次搭建了一个 Eureka Server 服务注册中心以及一个简单的 Eureka Client 商品微服务，实现了简单的查询商品的功能。之后搭建了一个 Eureka Client 订单微服务，并通过调用商品微服务实现了查询包含商品信息的订单的功能。最后，介绍了微服务之间的两种交互方式——Ribbon 和 Client，其实它们本质上都是拼接成完整的 URL 以 HTTP 形式调用服务的。

本章练习

一、判断题

1. 启动 Eureka Client 前需要先启动 Eureka Server。　　　　　　　　（　　）
2. Eureka Server 是服务提供者，Eureka Client 是服务消费者。　　　　（　　）
3. 不同的微服务不能配置同一个端口。　　　　　　　　　　　　　　（　　）

二、简答题

1. 开启 Eureka Server 使用哪一个注解？加在哪里？
2. 开启 Eureka Client 使用哪一个注解？加在哪里？
3. 配置 RestTemplate 对象时开启 Ribbon 负载均衡使用哪一个注解？

面试达人

面试 1：什么是服务提供者和服务消费者？

面试 2：Eureka Client 之间怎样交互？

第❿章 深入了解 Eureka

学习目标

- 了解 Eureka 的自我保护模式。
- 学会搭建 Eureka 的高可用集群。
- 了解 Eureka 安全认证，以及 Eureka 和 ZooKeeper 的区别。

第 9 章读者了解了 Spring Cloud 的搭建，了解了什么是 Eureka，以及它的服务端和客户端，本章将更加深入地了解 Eureka。

10.1 Eureka 的自我保护模式

微课 10-1

默认情况下，如果 Eureka Server 在 90s 内没有接收到某个微服务的心跳，Eureka Server 将会移除该微服务。但是当发生网络故障时，微服务与 Eureka Server 之间无法正常通信，而微服务本身是正常运行的，则此时不应该移除这个微服务。所以 Eureka 引入了自我保护模式。

官方对于自我保护模式的定义是：一种针对网络异常波动的安全保护措施。使用自我保护模式能使 Eureka 集群更加健壮、稳定地运行。

自我保护模式的工作机制是：如果在 15min 内超过 85% 的客户端节点都没有正常的心跳，那么 Eureka 就认为客户端与注册中心之间出现了网络故障，Eureka Server 将自动启动自我保护机制，此时 Eureka Server 不再从注册列表中移除因为长时间没收到心跳而应该过期的微服务。这里来做实验验证一下该机制。先启动第 9 章创建的 Eureka Server 和两个微服务，然后访问注册中心，如图 10-1 所示。

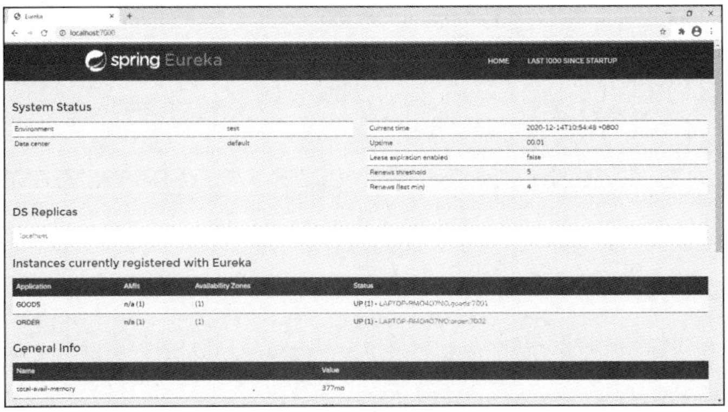

图 10-1　访问注册中心

停止其中一个 order 微服务，大概 90s 后再刷新一下这个页面，可以看到页面中出现红色文字提示，如图 10-2 所示。出现这个提示就表明 Eureka Server 触发了自我保护机制，而实例列表中确实没有移除停止的 order 微服务。

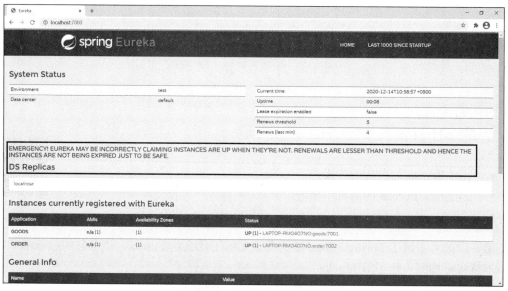

图 10-2　出现红色文字提示

为了验证续约频率高于阈值的情况，必须增加微服务的数量。为了方便，这里通过在同一个微服务中配置多个运行的方式快速得到 6 个微服务，如图 10-3 所示。单击左上角的加号 ✚ 选择 Spring Boot，然后选择 Main class 启动类，再添加不同的端口号和名字即可。因为每个微服务都要分配一个不同的端口号和名字，所以需要通过设置覆盖端口号和名字的配置。

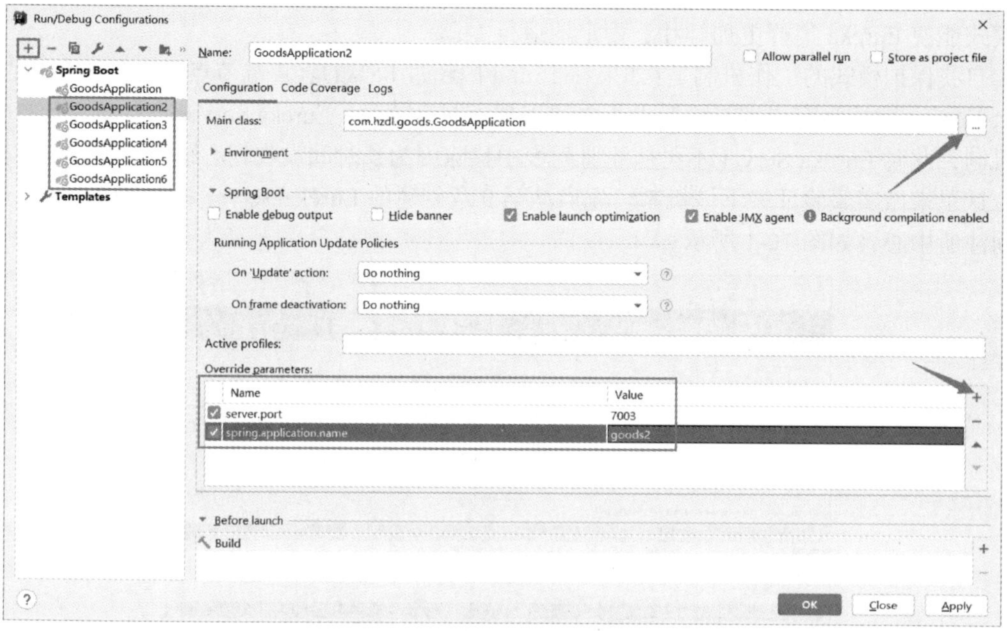

图 10-3　快速配置 6 个微服务

启动这些微服务，再次访问注册中心，可以看到注册了 6 个微服务，如图 10-4 所示。

Instances currently registered with Eureka			
Application	AMIs	Availability Zones	Status
GOODS	n/a (1)	(1)	UP (1) - LAPTOP-RMO4O7NO:goods:7001
GOODS2	n/a (1)	(1)	UP (1) - LAPTOP-RMO4O7NO:goods2:7003
GOODS3	n/a (1)	(1)	UP (1) - LAPTOP-RMO4O7NO:goods3:7005
GOODS4	n/a (1)	(1)	UP (1) - LAPTOP-RMO4O7NO:goods4:7006
GOODS5	n/a (1)	(1)	UP (1) - LAPTOP-RMO4O7NO:goods5:7007
GOODS6	n/a (1)	(1)	UP (1) - LAPTOP-RMO4O7NO:goods6:7004

图 10-4 注册了 6 个微服务

停止一个微服务，大概 90s 后刷新此页面，结果如图 10-5 所示。可以发现注册中心直接移除了 "GOODS5"，证明此时并没有触发自我保护机制，这是因为上面只停止了众多微服务中的一个，续约频率低于阈值 85%。

Instances currently registered with Eureka			
Application	AMIs	Availability Zones	Status
GOODS	n/a (1)	(1)	UP (1) - LAPTOP-RMO4O7NO:goods:7001
GOODS2	n/a (1)	(1)	UP (1) - LAPTOP-RMO4O7NO:goods2:7003
GOODS3	n/a (1)	(1)	UP (1) - LAPTOP-RMO4O7NO:goods3:7005
GOODS4	n/a (1)	(1)	UP (1) - LAPTOP-RMO4O7NO:goods4:7006
GOODS6	n/a (1)	(1)	UP (1) - LAPTOP-RMO4O7NO:goods6:7004

图 10-5 注册中心移除了 "GOODS5"

通过上面的实验，证实了 Eureka Server 的自我保护模式。在开发过程中，更多时候开发者想知道微服务真实的续约状态，这时就需要关闭 Eureka Server 的自我保护模式。通过配置 eureka.server.enable-self-preservation 为 false 即可关闭自我保护模式，如程序清单 10-1 所示。不过在生产环境中建议开启此配置。

程序清单 10-1

```
eureka:
  server:
    enable-self-preservation: false
```

10.2 搭建 Eureka 的高可用集群

使用了注册中心后，所有的服务都要通过注册中心来进行信息交换。注册中心的稳定性非常重要，一旦注册中心掉线，将会影响到整个系统的稳定性。所以在实际开发中，Eureka 一般都是以集群的形式出现的。Eureka Server 集群中的节点通过点对点通信的方式共享服务注册表。下面搭建一个 3 个 Eureka Server 的集群。

微课 10-2

前面单个注册中心实例名称是 localhost，现在是集群，不能都是 localhost，所以需要配置本机 hosts，来实现本机域名映射。打开 C:\Windows\System32\drivers\etc 中的 hosts 文件，添加配置，如程序清单 10-2 所示。

程序清单 10-2

```
127.0.0.1 server1 server2 server3
```

为了方便，直接在第 9 章创建的 Eureka Server 中通过增加 YAML 配置的方式添加两个 Eureka Server。能这样添加是因为多个 YAML 文件可以写在一起，并且 IDEA 支持通过指定不同配置启动多个同一项目。这里先注释掉之前的配置，然后添加配置，如程序清单 10-3 所示。每一个 Eureka Server 的配置中的 defaultZone 分别指向另外两个 Eureka Server 的地址，这样 3 个注册中心便能共享服务注册信息。其中，spring.profiles 表示配置文件名，不同的配置通过"---"隔开，就可以通过这个文件名来指定不同的配置以启动不同的项目。如图 10-6 所示，配置了 3 个注册中心。

程序清单 10-3

```yaml
server:
  port: 6001
spring:
  profiles: server1
  application:
    name: server1
eureka:
  client:
    register-with-eureka: false
    fetch-registry: false
    service-url:
      defaultZone: http://server2:6002/eureka/,http://server3:6003/eureka/
---
server:
  port: 6002
spring:
  profiles: server2
  application:
    name: server2
eureka:
  client:
    register-with-eureka: false
    fetch-registry: false
    service-url:
      defaultZone: http://server1:6001/eureka/,http://server3:6003/eureka/
---
server:
  port: 6003
spring:
```

```
      profiles: server3
      application:
        name: server3
  eureka:
    client:
      register-with-eureka: false
      fetch-registry: false
      service-url:
        defaultZone: http://server1:6001/eureka/,http://server2:6002/eureka/
```

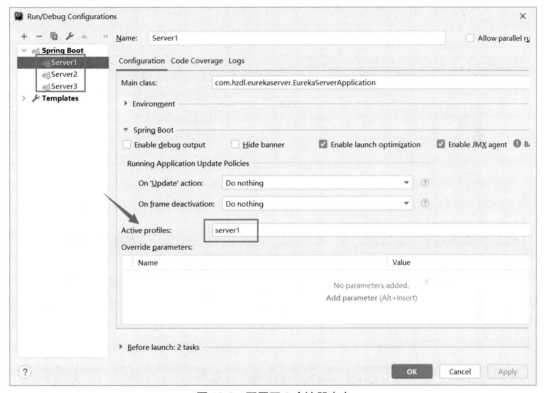

图 10-6　配置了 3 个注册中心

修改 order 微服务配置中的注册中心地址，如程序清单 10-4 所示。先注释掉之前的地址，再添加一个指向注册中心 server1 的地址。

程序清单 10-4

```
server:
  port: 7002
spring:
  application:
    name: order
eureka:
  client:
    service-url:
```

```
#defaultZone: http://localhost:7000/eureka/
defaultZone: http://server1:6001/eureka/
```

启动 3 个注册中心，再启动 order 微服务。当启动前两个注册中心时可能会出现连接超时的异常，因为这 3 个注册中心通过互相连接共同组成注册中心集群，先启动的必然无法连接到后启动的，这时只需要等待所有的注册中心启动即可，因为虽然有连接超时异常，但每过一定时间会尝试再次连接，最终都会正常运行。

启动完成后，分别访问这 3 个注册中心，如图 10-7、图 10-8 和图 10-9 所示。可以看到，尽管只把 order 微服务注册到了 server1，但 server2 和 server3 中也有 order 微服务的注册信息。在这个集群架构中，不区分主从节点，所有节点都是平等的。即使某一个节点宕机，Eureka Client 也会自动切换到新的 Eureka Server 上，从而提高整个注册中心的可用性。

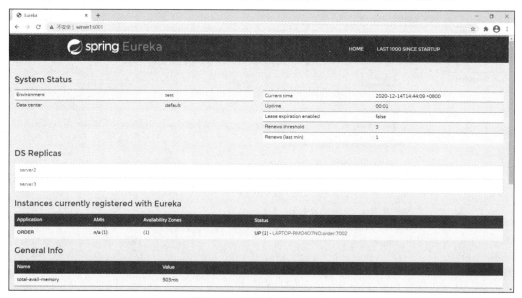

图 10-7　注册中心 server1

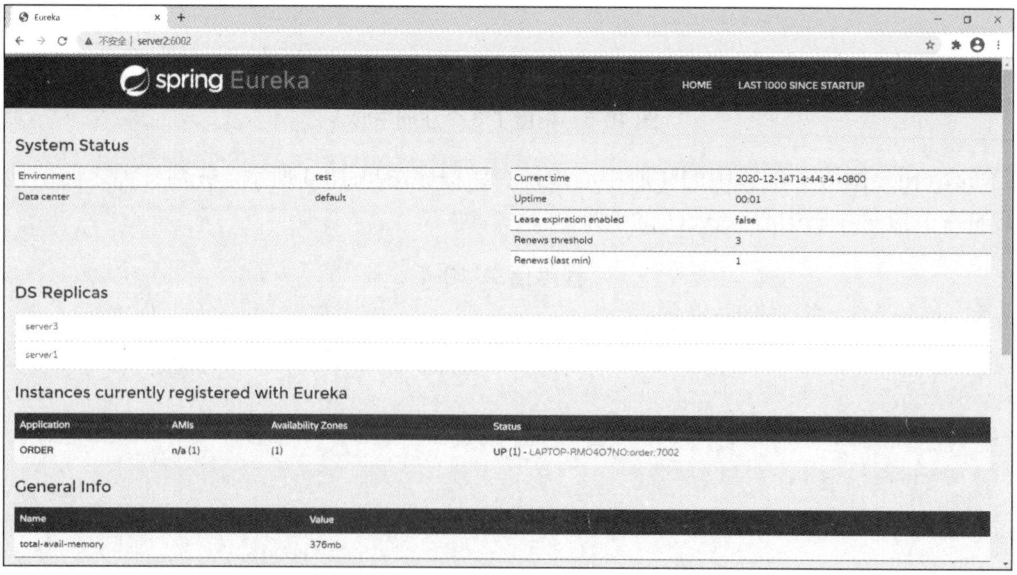

图 10-8　注册中心 server2

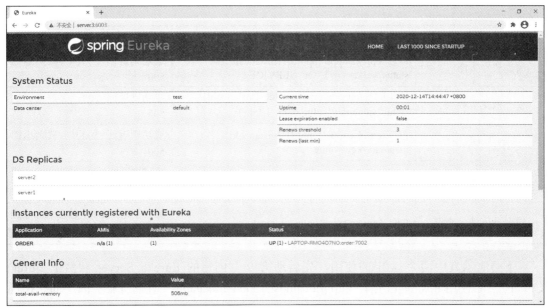

图 10-9　注册中心 server3

10.3　Eureka REST API

Eureka REST API 是指通过指定的 URL 来查询或操纵注册到 Eureka Server 的 Eureka Client。Netflix 官方在 GitHub 的 Wiki 上专门写了一篇文章 "Eureka REST operations" 来介绍 Eureka REST API，具体内容如表 10-1 所示。其中，实例表示注册的微服务，即 Eureka Client。API 一列中，POST、GET、DELETE 和 PUT 是指 HTTP 发送方法。而这种通过指定不同的方法便能对同一 URL 映射的资源做增删改查操作的方式称为 RESTful 风格，因此叫 REST API。

微课 10-3

表 10-1　Eureka REST API

操　作	API	描　述
注册新的实例	POST /eureka/apps/{appId}	可以输入 JSON 或 XML 格式的 body，成功则返回 204
注销实例	DELETE /eureka/apps/{appId}/{instanceId}	成功则返回 200
实例发送心跳	PUT /eureka/apps/{appId}/{instanceId}	成功则返回 200，如果实例不存在则返回 404
查询所有实例	GET /eureka/apps	成功则返回 200，输出 JSON 或 XML 格式
查询指定 appId 的实例	GET /eureka/apps/{appId}	成功则返回 200，输出 JSON 或 XML 格式
根据指定 appId 和 instanceId 查询	GET /eureka/apps/{appId}/{instanceId}	成功则返回 200，输出 JSON 或 XML 格式
根据指定 instanceId 查询	GET /eureka/instances/{instanceId}	成功则返回 200，输出 JSON 或 XML 格式

Spring Boot+Spring Cloud 实战（微课版）

续表

操　作	API	描　述
暂停实例	PUT /eureka/apps/{appId}/{instanceId}/ status?value=OUT_OF_SERVICE	成功则返回 200，失败则返回 500
恢复实例	DELETE /eureka/apps/{appId}/{instanceId}/ status?value=UP(value 参数可不传)	成功则返回 200，失败则返回 500
更新元数据	PUT /eureka/apps/{appId}/{instanceId}/ metadata?key=value	成功则返回 200，失败则返回 500
根据 vip 地址查询	GET /eureka/vips/{vipAddress}	成功则返回 200，输出 JSON 或 XML 格式
根据 svip 地址查询	GET /eureka/svips/{svipAddress}	成功则返回 200，输出 JSON 或 XML 格式

下面演示其中两个 API 的使用。先启动第 9 章创建的 Eureka Server 和两个 Eureka Client。然后使用 Postman 访问 "http://localhost:7000/eureka/apps" 查询所有实例，如图 10-10 所示。

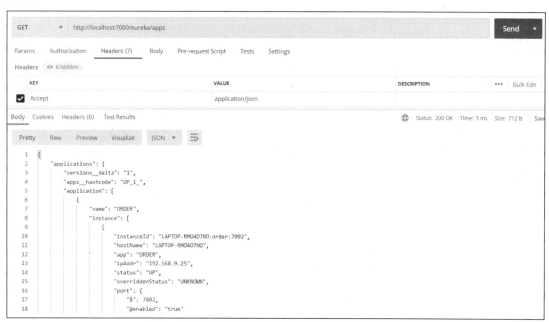

图 10-10　查询所有实例

由于浏览器中无法添加请求头 "Accept:application/json"，并且需要使用 PUT 和 DELETE 方法，所以这里使用专业的接口测试工具 Postman 来发送请求。可以看到，这时返回的数据是非常直观的 JSON 格式的数据，如果用浏览器则返回 XML 格式的数据，因为 XML 优先级高于 JSON。

这里演示一下暂停 order 微服务的操作。先复制 order 微服务的 instanceId "LAPTOP-RMO4O7NO:order:7002"，而 appId 就是实例名 ORDER，所以请求的 URL 如图 10-11 所示。发送后，显示 "Status:200" 状态码则表示暂停 order 微服务成功。最后，在浏览器中访问注册中心，如图 10-12 所示，order 微服务的状态的确变为了 OUT_OF_SERVICE。

116

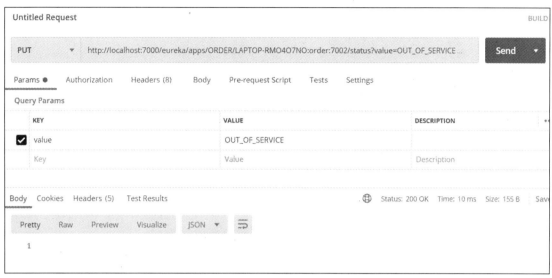

图 10-11　请求的 URL

Instances currently registered with Eureka

Application	AMIs	Availability Zones	Status
ORDER	n/a (1)	(1)	OUT_OF_SERVICE (1) - LAPTOP-RMO4O7NO:order:7002

图 10-12　order 微服务状态

10.4　Eureka 安全认证

微课 10-4

　　Eureka 负责服务治理，是微服务架构的核心基础，所以它的重要性不言而喻。默认情况下，只要知道地址和端口，就能访问和查看所有微服务的状态以及一些监控信息，缺乏一定的安全性。Eureka 的安全认证可以通过设置用户名和密码来确保对 Eureka 的面板信息进行安全的访问，此时客户端只能通过安全认证方式进行服务注册。首先，在 Eureka Server 中导入 Security 依赖，如程序清单 10-5 所示。

程序清单 10-5

```
<dependency>
    <groupId>org.springframework.boot</groupId>
    <artifactId>spring-boot-starter-security</artifactId>
</dependency>
```

　　然后先不配置用户名和密码，直接重启 Eureka。可以看到控制台随机生成的密码，如图 10-13 所示，这就是 Security 随机生成的密码。先复制密码，然后在浏览器中访问并登录注册中心，如图 10-14 所示，输入用户名 "user"，粘贴密码，单击 "Sign in" 按钮即可查看注册中心服务列表。

　　那么如何自定义用户名和密码呢？只需要在 YAML 中配置，如程序清单 10-6 所示。设置 spring.security.user.name 和 spring.security.user.password 均为 hzdl，defaultZone 也要加上用户名和密码。

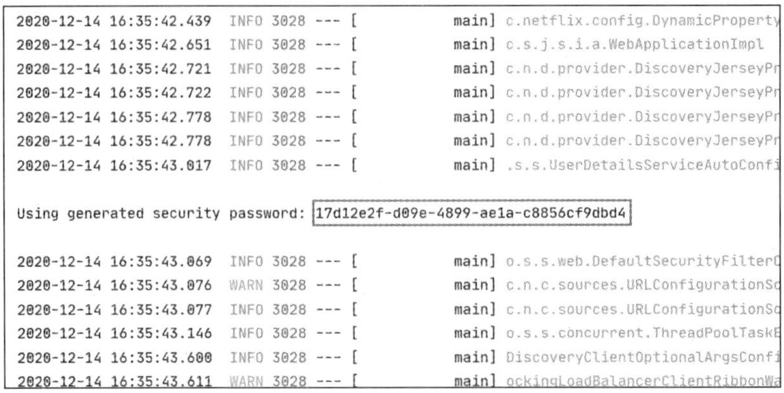

图 10-13　随机生成的密码

图 10-14　访问并登录注册中心

程序清单 10-6

```
server:
  port: 7000
spring:
  application:
    name: eureka-server
  security:
    user:
      name: hzdl
      password: hzdl
eureka:
  client:
    register-with-eureka: false
    fetch-registry: false
    service-url:
      defaultZone: http://hzdl:hzdl@localhost:${server.port}/eureka/
  server:
    enable-self-preservation: false
```

那么现在 Eureka Client 该如何通过安全认证注册呢？首先，在 order 微服务的配置文件中修改 defaultZone。然后，在 Eureka Server 中添加一个配置类用来关闭 CSRF（Cross-Site Request

Forgery，跨站请求伪造），否则 order 微服务无法连接 Eureka Server，如程序清单 10-7 所示。

程序清单 10-7

```
@Configuration
public class WebSecurityConfig extends WebSecurityConfigurerAdapter {

    @Override
    protected void configure(HttpSecurity http) throws Exception {
        http.csrf().disable();
        super.configure(http);
    }
}
```

最后，分别启动 Eureka Server 和 order 微服务，访问注册中心查看注册信息，如图 10-15 和图 10-16 所示。

图 10-15　输入用户名和密码

Instances currently registered with Eureka			
Application	AMIs	Availability Zones	Status
ORDER	n/a (1)	(1)	UP (1) - LAPTOP-RMO4O7NO:order:7002

图 10-16　order 微服务注册信息

10.5　Eureka 和 ZooKeeper 比较

微课 10-5

Spring Cloud 中，除了可以使用 Eureka 作为注册中心外，还可以通过配置的方式使用 ZooKeeper 作为注册中心。ZooKeeper 是 Apache 软件基金会的一个软件项目，它为大型分布式计算提供开源的分布式配置服务、同步服务和命名注册。

在分布式领域有一个很著名的 CAP 理论：一致性（Consistency）、可用性（Availability）、分区容错性（Partition tolerance）。一致性是指数据在多个副本之间能够保持一致的特性，等同于所有节点访问同一份最新的数据副本。在一致性的需求下，当一个系统在数据一致的状态下执行更新操作后，应该保证系统的数据仍然处于一致的状态。可用性是指每次请求都能获取到正确的响应，但是不保证获取的数据为最新数据。分区容错性是指分布式系统在遇到任何网络分区故障的时候，仍然需要能够保证对外提供满足一致性和可用性的服务，除非整个网络环境都发生了故障。这 3 个特性中任何分布式系统只能保证两个。由于分区容错性在分布式系统中是必须要保证的，因此开发者只能在可用性和一致性之间进行权衡。Eureka 和 ZooKeeper 最大的不同就是，Eureka 保证的是可用性、分区容错性，而 ZooKeeper 保证的是一致性、分区容错性。

　　ZooKeeper 中的节点有主从之分，在 ZooKeeper 集群中，通常节点有多个，如果服务器节点启动或者运行过程中 leader（"老大"）服务器宕机了，就会通过选举模式选出一个 leader，被称为 Master（主节点）。leader 服务器为客户端提供读和写服务，在 ZooKeeper 中当其进入选举模式时，就无法正常对外提供服务。而在 Eureka 中，集群节点的地位是相同的，虽不能保证一致性，但至少可以提供注册服务。如果某台服务器宕机，Eureka 不会有类似于 ZooKeeper 的选举 leader 的过程，客户端请求会自动切换到新的节点。当宕机的服务器恢复后，Eureka 会再次将其纳入服务集群管理之中。

　　可见，Eureka 作为单纯的服务注册中心要比 ZooKeeper 更加"专业"。因为注册服务更重要的是可用性，其可以接受短期内达不到一致性的状况。

本章小结

　　本章首先介绍了 Eureka Server 的自我保护模式，并进行了实际演示。其次，搭建了一个包含 3 个注册中心的集群。之后，罗列出所有的 Eureka REST API，并演示了其中两个 API 的使用。另外，还演示了 Eureka Server 通过引入 Security 实现安全认证的配置过程。最后，站在 CAP 理论的角度比较了 Eureka 和 ZooKeeper，证明 Eureka 更适合作为服务注册中心。

本章练习

一、判断题

1. 只要停止一个注册的服务，便能触发 Eureka Server 的自我保护模式。　　　　（　　）
2. IDEA 中可以通过指定不同的配置运行多个同一项目。　　　　　　　　　　（　　）
3. 可以通过发送 HTTP 请求的方式注销已经注册的服务实例。　　　　　　　　（　　）

二、简答题

1. Eureka Server 的自我保护模式什么时候应该关闭？什么时候应该开启？
2. 怎样使 Eureka REST API 返回 JSON 格式的数据？
3. 你认为 Eureka Server 有必要添加安全认证吗？

面试达人

面试 1：引入安全认证后，Eureka Client 怎样配置才能连接 Eureka Server？
面试 2：Eureka 和 ZooKeeper 的区别是什么？

第 11 章　服务网关开发 Zuul

学习目标

微课 11-0

- 了解网关，以及 Zuul 和 Gateway 的区别。
- 掌握搭建 Zuul 实现接口统一访问的方法。
- 学会使用 Zuul 实现过滤拦截和限流。

第 10 章读者通过实际操作学习了 Eureka，本章依然通过实际操作介绍微服务必不可少的网关服务——Zuul。

11.1　网关介绍

微课 11-1

网关指的是一个网络连接到另一个网络的"关口"。在 Internet 里，网关是一种连接内部网与 Internet 上其他网络的中间设备，通俗来说，也叫作"路由器"。网关地址是能够理解成内部网与 Internet 信息传输的一种通道的地址。根据不同的分类准则，网关也有非常多的种类，在 TCP/IP（Transmission Control Protocol/Internet Protocol，传输控制协议/互联网协议）里网关的使用频率是极高的，而本章所讲解的网关是指 API 网关。

API 网关作为一个服务，是整个后端的统一入口。首先，它可以提供基本的路由服务，将调用转发到上游服务。其次，作为一个入口，它可以进行认证、鉴权和限流等操作，为上游服务提供保护。API 网关作为一种微服务架构解决方案，很好地解决了微服务下调用、统一接入等问题。总结而言，API 网关有以下五大功能。

1. 路由转发

由于 API 网关是内部微服务的唯一入口，所以外部请求都会先转发到这个 API 网关上，然后由 API 网关来根据不同的请求将其转发到不同的微服务节点上。并且，由于内部微服务实例会随着业务调整不停地变更，如增加或者删除节点，API 网关可以与服务注册中心进行协同工作，保证将外部请求转发到合适的微服务实例上。

2. 负载均衡

由于 API 网关是内部微服务的唯一入口，所以 API 网关在收到外部请求之后，还可以根据内部微服务每个实例的负荷情况动态地进行负载均衡调节。一旦内部的某个微服务实例负载很高，甚至不能及时响应，API 网关就会通过负载均衡策略减少或停止向这个实例转发请求。当所有的内部微服务实例都无法及时响应的时候，API 网关还可以采用限流或熔断的形式阻止外部请求，以保障整个系统的可用性。

3. 安全认证

API 网关就像微服务的"大门守卫"，每一个请求进来之后，都必须先在 API 网关上进行身份验证，身份验证通过后才将其转发给后面的服务，转发的时候一般会带上身份信息。同时 API 网关也需要对每一个请求进行安全性检查，如参数的安全性、传输的安全性等。

4. 日志记录

既然所有的请求都需要经过 API 网关，那么就可以在 API 网关上集中记录这些行为日志。这些日志既可以作为后续的问题排查使用，也可以作为系统的性能监控使用。

5. 数据转换

由于 API 网关对外面向多种不同的客户端，不同的客户端所传输的数据的类型可能是不一样的。因此，API 网关还需要具备数据转换的功能，将不同客户端传输进来的数据转换成同一种类型的数据，再转发给内部微服务，这样可兼容这些请求的多样性，保证微服务的灵活性。

11.2 Zuul 和 Gateway

微课 11-2

Zuul 是 Netflix 公司提供的微服务网关，它可以和 Eureka、Ribbon、Hystrix 等组件配合使用，实现认证和安全、性能监测、动态路由、负载均衡、压力测试、静态资源处理等功能。

Gateway 是 Spring 官方基于 Spring 5.0、Spring Boot 2.0 和 Project Reactor 等技术开发的网关。Gateway 作为 Spring Cloud 中的网关，目标是替代 Zuul，其不仅提供了统一的路由方式，并且基于 Filter 链的方式提供了网关基本的功能，如安全、监控和限流等。

虽然都是微服务网关，但 Zuul 和 Gateway 有许多区别。Zuul 基于 Servlet，在 Zuul 1.x 的时候 Zuul 仅支持同步阻塞式 I/O，不支持 websockets 长连接，但是在 Zuul 2.x 的时候 Zuul 引入了高性能的 Reactor 模式通信框架 Netty，可支持异步非阻塞式 I/O 和 websockets 长连接。Gateway 是基于 WebFlux 框架实现的，而 WebFlux 框架底层使用了 Netty，支持 websockets 长连接，支持异步非阻塞式 I/O。Gateway 比 Zuul 多依赖了 Spring WebFlux，因此在 Spring 的支持下，功能更强大，内部实现了限流、负载均衡等功能，扩展性也更强。但 Gateway 仅适用于 Spring Cloud，Zuul 则可以扩展至其他微服务架构中。

总的来说，在微服务架构中，如果使用了 Spring Cloud 的基础组件，则 Gateway 相比而言更加具备优势。如果使用小型微服务架构或复杂架构（包含其他非 Spring Cloud 服务节点），Zuul 也是一个不错的选择。

11.3 搭建网关微服务实现接口统一访问

微课 11-3

本节将搭建一个 Zuul 网关，实现在第 9 章创建的商品和订单两个微服务的接口通过网关统一访问。同样，先创建一个 Spring Boot 项目，命名为"zuul"，如图 11-1 所示。

在"Dependencies"界面中勾选"Spring Cloud Routing"中的"Zuul [Maintenance]"，如图 11-2 所示；并勾选"Spring Cloud Discovery"中的"Eureka Discovery Client"，如图 11-3 所示。

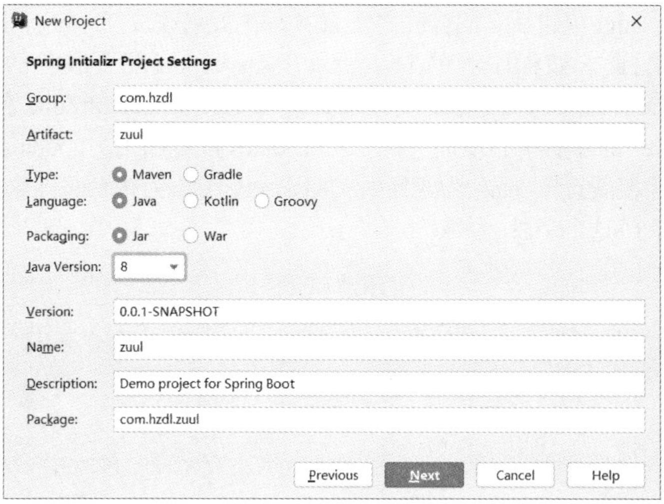

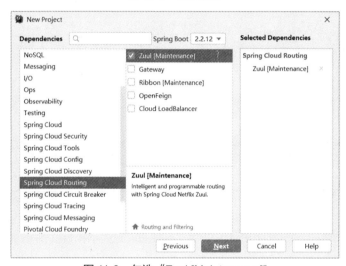

图 11-1　创建项目

图 11-2　勾选"Zuul [Maintenance]"

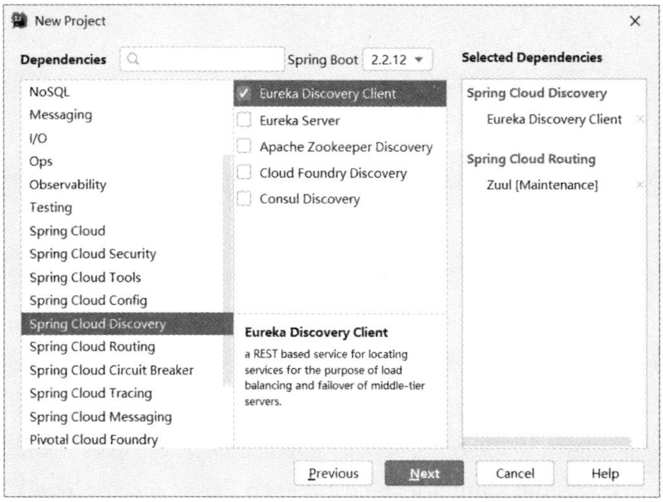

图 11-3　勾选"Eureka Discovery Client"

创建好 Spring Boot 项目后，同样先将配置文件扩展名改成 ".yml"。然后在 application. yml 中写入 Zuul 配置，如程序清单 11-1 所示。server.port 配置服务的端口号为 8000，spring.application.name 配置服务的名称为 "zuul"。service-url.defaultZone 和 10.4 节加入安全认证的 eureka-server 的注册中心地址一样。zuul.routes 配置路由，goods 和 order 为路由 ID（可随便命名，不重复就行），path 为匹配的 URI，serviceId 为转发的目标服务的名字（也可以用服务的 URL 代替这个字段）。

程序清单 11-1

```yaml
server:
  port: 8000
spring:
  application:
    name: zuul
eureka:
  client:
    service-url:
      defaultZone: http://hzdl:hzdl@localhost:7000/eureka/
zuul:
  routes:
    goods:
      path: /goods-service/**
      serviceId: goods
    order:
      path: /order-service/**
      serviceId: order
```

在启动类前添加@EnableZuulProxy 开启 Zuul，如程序清单 11-2 所示。

程序清单 11-2

```java
@SpringBootApplication
@EnableZuulProxy
public class ZuulApplication {
    public static void main(String[] args) {
        SpringApplication.run(ZuulApplication.class, args);
    }
}
```

分别启动 eureka-server、order、goods 和 Zuul 项目（如果 Eureka 开启了安全访问，启动前记得给 goods 的 defaultZone 添加用户名和密码）。访问注册中心查看 Eureka 面板信息，如图 11-4 所示，可以看到它们都在正常运行。

最后，为了验证测试，通过 Zuul 路由来调用商品微服务的查询所有商品接口，如图 11-5 所示，访问 "http://localhost:8000/goods-service/goods/all"。再调用订单微服务的查询所有订单接口，如图 11-6 所示，访问 "http://localhost:8000/order-service/order/all"。

Instances currently registered with Eureka			
Application	**AMIs**	**Availability Zones**	**Status**
GOODS	n/a (1)	(1)	**UP (1) - LAPTOP-RMO4O7NO:goods:7001**
ORDER	n/a (1)	(1)	**UP (1) - LAPTOP-RMO4O7NO:order:7002**
ZUUL	n/a (1)	(1)	**UP (1) - LAPTOP-RMO4O7NO:zuul:8000**

图 11-4　Eureka 面板信息

```
←  →  C  ① localhost:8000/goods-service/goods/all
[
  - {
        id: 1,
        name: "手机",
        price: 1000
    },
  - {
        id: 2,
        name: "电脑",
        price: 3000
    },
  - {
        id: 3,
        name: "洗衣机",
        price: 2000
    }
]
```

图 11-5　通过 Zuul 查询所有商品

```
←  →  C  ① localhost:8000/order-service/order/all
[
  - {
        商品名称: "手机",
        下单时间: "2020-11-11 00:01",
        商品ID: 1,
        商品价格: 1000,
        订单ID: 1
    },
  - {
        商品名称: "电脑",
        下单时间: "2020-11-11 00:02",
        商品ID: 2,
        商品价格: 3000,
        订单ID: 2
    },
  - {
        商品名称: "洗衣机",
        下单时间: "2020-11-11 00:03",
        商品ID: 3,
        商品价格: 2000,
        订单ID: 3
    }
]
```

图 11-6　通过 Zuul 查询所有订单

至此，便实现了通过网关来统一访问不同的微服务的接口。当调用这些微服务时，不用再关心具体的 IP 地址和端口，只需要知道网关指定的路由 path 即可。加入网关，可极大地降低前端调用后端不同微服务的复杂性，提高安全性，因为这样只需要对外暴露网关的地址，隐藏了调用的真实的微服务地址。

11.4　Zuul 实现过滤和拦截

Zuul 可以实现对所有发往后端微服务请求的过滤和拦截。Zuul 主要有 4 种类型的过滤器。

（1）pre：预过滤器，在路由分发请求前调用。

微课 11-4

（2）post：后过滤器，在路由分发请求后调用。

（3）route：路由过滤器，用于路由请求分发。

（4）error：错误过滤器，在处理请求发生错误时调用。

怎样使用这几种过滤器呢？很简单，只需要继承 ZuulFilter 类，实现 4 个方法。例如，使用预过滤器实现拦截订单微服务的功能。首先，在 zuul 微服务中创建一个 filter 包，然后写一个继承 ZuulFilter 类的自定义类 MyFilter，如程序清单 11-3 所示。

程序清单 11-3

```java
@Configuration
public class MyFilter extends ZuulFilter {
    @Override
    public String filterType() {
        return FilterConstants.PRE_TYPE;
    }

    @Override
    public int filterOrder() {
        return 0;
    }

    @Override
    public boolean shouldFilter() {
        return true;
    }

    @Override
    public Object run() throws ZuulException {
        RequestContext context = RequestContext.getCurrentContext();
        String uri = context.getRequest().getRequestURI();
        if (uri.startsWith("/order-service")){
            context.setSendZuulResponse(false);
            context.getResponse().setContentType("text/html;charset=UTF-8");
            context.setResponseBody("拦截 order 微服务");
        }
        return null;
    }
}
```

filterType 方法通过返回字符串设置过滤器类型，这里用的 FilterConstants 定义的 PRE_TYPE 常量，值为 pre。filterOrder 方法决定过滤器的执行顺序，返回的值越小越优先处理。shouldFilter 方法判断是否拦截。在 run 方法中写处理请求的代码。先获得请求的上下文，再通过 URI 判断转发的请求是否是 order 服务，最后通过 context.setSendZuulResponse (false)终止请求的转发，并通过 context.setResponseBody 给浏览器返回提示信息。

验证阶段，依次启动各个微服务并打开浏览器，通过 Zuul 分别访问订单微服务和商品微服务的查询接口，如图 11-7 和图 11-8 所示。

```
←  →  C  ①  localhost:8000/order-service/order/all

拦截order微服务
```

图 11-7 拦截订单微服务

```
←  →  C  ①  localhost:8000/goods-service/goods/all
[
  - {
        id: 1,
        name: "手机",
        price: 1000
    },
  - {
        id: 2,
        name: "电脑",
        price: 3000
    },
  - {
        id: 3,
        name: "洗衣机",
        price: 2000
    }
]
```

图 11-8 不拦截商品微服务

11.5 Zuul 实现限流

微课 11-5

Zuul 限流是通过引入 spring-cloud-zuul-ratelimit 依赖实现的。它提供了下面几种限流类型。

（1）用户（USER），根据认证用户或匿名用户限流。

（2）客户端 IP 地址（ORIGIN），根据客户端 IP 地址限流。

（3）请求路径（URL），根据请求 URL 限流。

（4）根据服务限流。

下面实现对商品微服务的限流。

首先，引入 spring-cloud-zuul-ratelimit 依赖，如程序清单 11-4 所示。

程序清单 11-4

```xml
<dependency>
    <groupId>com.marcosbarbero.cloud</groupId>
    <artifactId>spring-cloud-zuul-ratelimit</artifactId>
    <version>1.3.2.RELEASE</version>
</dependency>
```

然后，在 application.yml 中配置限流，如程序清单 11-5 所示。其中 enabled:true 表示开启限流，policies 表示限流规则，这里配置了商品微服务的同时请求数量最多为 10 个。没有添加 type 字段就表示使用上面介绍的第 4 种限流类型：根据服务限流。如果想指定限流类型，则需添加 type 字段，值为上面括号中的大写单词，如根据用户限流则写 USER。

程序清单 11-5

```yaml
zuul:
  ratelimit:
```

```
enabled: true
policies:
  goods:
    limit: 10
```

最后，通过 Postman 来验证。创建一个包含 12 个相同请求的集合，如图 11-9 所示。运行集合，可以看到有两个请求返回了 429，如图 11-10 所示，证明 Zuul 的确起到了限流的作用。

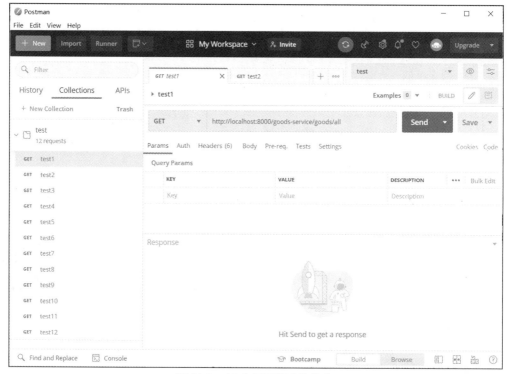

图 11-9　12 个相同请求的集合

图 11-10　集合运行结果

本章小结

本章首先对网关的概念做了阐述，读者要知道微服务当中的网关属于 API 网关。其次，介绍了两种 API 网关——Zuul 和 Gateway，以及它们的区别。然后，搭建了一个 Zuul 网关，实现通过网关访问商品微服务和订单微服务。另外，通过继承 ZuulFilter 类实现拦截订单微服务的功能。最后，通过引入 spring-cloud-zuul-ratelimit 依赖并进行相关配置实现对商品微服务的限流。

本章练习

一、判断题

1. Zuul 不属于 API 网关。 （　　）
2. 有了 Zuul 转发请求，就可以对外隐藏其他服务的端口。 （　　）
3. Zuul 本身并没有实现限流。 （　　）

二、简答题

1. Zuul 和 Gateway 有什么区别？
2. Zuul 限流是引入哪个包实现的？

面试达人

面试 1：Zuul 有哪些类型的过滤器？
面试 2：Zuul 限流的类型有哪些？

第 12 章　负载均衡器 Ribbon

微课 12-0

学习目标

- 了解负载均衡策略。
- 熟悉 Ribbon 的基本使用。
- 了解 Ribbon 工作原理。
- 熟悉 Ribbon 负载均衡策略。
- 熟悉如何配置 Ribbon 的负载均衡策略和其他配置。

在项目开发中，当用户量和业务量都多起来的时候，一个商品微服务处理的请求量已经不能满足业务需求，需要准备多个商品微服务才可以满足请求调用或者供订单微服务调用，于是在 Eureka 中注册了多个商品微服务用来处理高并发下的商品相关业务，也就是集群。那么当订单微服务客户端发送商品相关请求之后，如何选择由哪一个商品微服务处理请求呢？这就需要使用负载均衡来处理。本章就来认识 Spring Cloud Netflix 的另一个"利器"——负载均衡器 Ribbon。

12.1 负载均衡策略

微课 12-1

负载均衡（Load Balance）是实现系统高可用、缓解网络压力以及处理能力扩容的重要手段之一，它可以把一些网络请求的压力"均衡"到所有的服务器进行处理。当然，因为服务器的承载能力各不相同，有的硬件配置高而有的硬件配置低，有的网络带宽高而有的网络带宽低，所以负载均衡是在保证服务器不会过载情况下，发挥程序的最大作用。

通常所说的负载均衡指的是服务器端负载均衡，可分为硬件负载均衡和软件负载均衡两种。

硬件负载均衡是直接在服务器节点之间安装专门的负载均衡设备，来完成网络请求转发的任务，它独立于操作系统，整体性能高，负载均衡策略多样化，流量管理智能化。它的优点是功能强大，不仅包含负载均衡，还包括其他应用，例如，网络地址转换、SSL（Secure Socket Layer，安全套接字层）加速等；缺点是成本太高，并且无法掌握服务器和应用的状态。

软件负载均衡是通过在服务器上安装和使用一些具有负载功能或模块的软件来实现请求的转发，使用比较多的有 Nginx、LVS、HAProxy 等。其中 Nginx 在中小型 Web 应用中使用较为广泛，是服务器端常用的一种软件负载均衡策略，如图 12-1 所示。

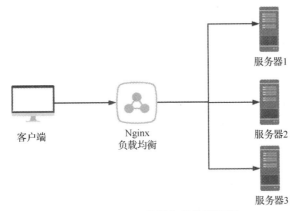

图 12-1　Nginx 软件负载均衡策略

负载均衡模块都会维护一个可用服务器节点的清单，通过心跳等策略来判断是否从清单中剔除故障服务器节点，来确保清单中的服务器节点都是可以正常访问的。当客户端发送请求给负载均衡软件的时候，它会按线性轮询、权重大小等负载均衡算法命中某个服务器节点，然后转发请求。根据服务清单存储的位置和维护方式的不同，负载均衡又分为服务器端负载均衡和客户端负载均衡。

前面提到的 Nginx 负载均衡的清单在 Nginx 负载均衡软件处，在集群前添加 Nginx，所有访问集群节点的请求都会交给 Nginx，然后由 Nginx 转发请求，这种属于服务器端负载均衡。

在 Spring Cloud 微服务开发中，所有的客户端都维护着自己要访问的服务清单，而这些服务清单都存储在 Eureka 注册中心。同服务端负载均衡一样，客户端访问时也需要进行负载均衡处理，那么它是怎么实现负载均衡的呢？使用 Spring Cloud Netflix 提供的客户端负载均衡器 Ribbon 即可。

12.2　Ribbon 介绍和使用

Ribbon 是 Netflix 公司提供的一个在 Spring Cloud 中免费使用的客户端负载均衡器组件。它在集群中为各个客户端之间的通信提供支持，可以控制、管理 HTTP 和 TCP 客户端的负载均衡。Ribbon 从 Eureka 注册中心获取访问服务提供者的地址列表后，就可基于某种负载均衡算法，自动地帮助服务消费者去

微课 12-2

请求。如图 12-2 所示，展示了 Ribbon 获取服务清单并实现请求的流程。Ribbon 提供了一系列完善的配置选项，如连接超时、重试算法等。Ribbon 还内置了可插拔、可定制的负载均衡组件。

在第 9 章中使用了 RestTemplate 进行服务之间的访问，并且在配置的 Bean 上使用了 @LoadBalanced，其实这时候 RestTemplate 默认使用了 Ribbon 的负载均衡策略。Ribbon 除了和 RestTemplate 结合实现客户端负载均衡之外，同样也被集成到了 Feign 中。当使用@FeignClient 的时候，Feign 默认使用了 Ribbon 进行网络请求的负载均衡。

下面通过一个实例来看一下 Ribbon 负载均衡的使用。这里还是使用订单服务调用商品服务来测试和查看 Ribbon 的负载均衡。首先启动一个 Eureka 注册中心和一个订单服务，然后配置两个名字一样但是端口号不一样（一个是 7001，另一个是 7003）的商品服务，如图 12-3 所示。

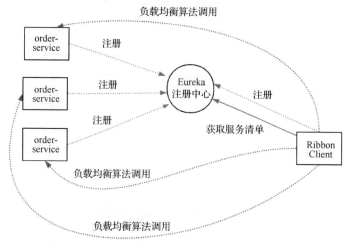

图 12-2　Ribbon 获取服务清单并实现请求的流程

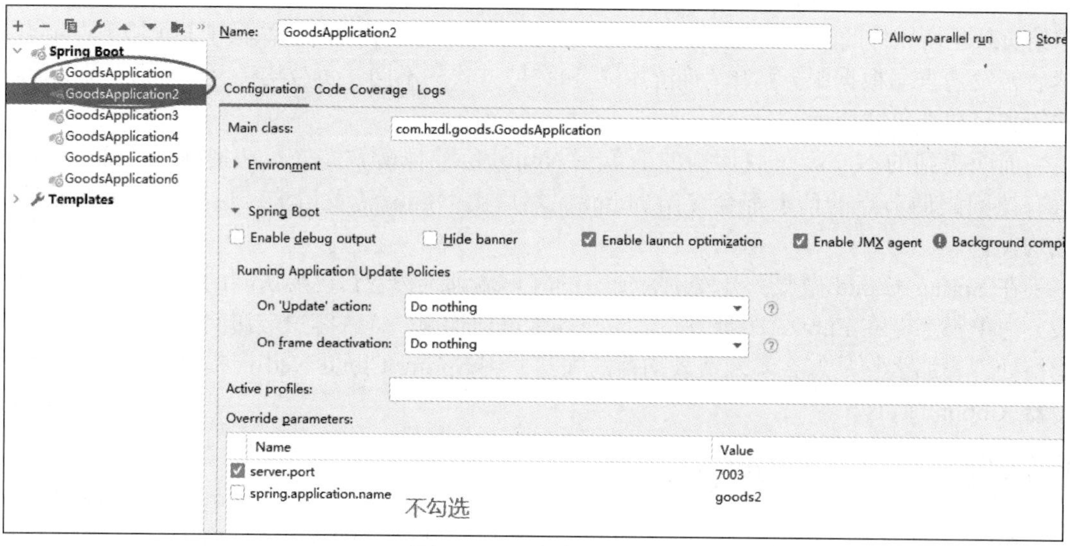

图 12-3　配置商品服务

在 GoodsController 中添加日志输出，用来确定调用的接口，如程序清单 12-1 所示。

程序清单 12-1

```
@RestController
@RequestMapping("goods")
@Slf4j
public class GoodsController {
    @Autowired
    private GoodsService goodsService;
    @Value("${server.port}")
    private String port;
    //查询所有商品
    @RequestMapping("all")
    public Object all(){
```

```
        return goodsService.findAll();
    }
    //根据ID查询商品
    @RequestMapping("one")
    public Object one(Integer id){
        log.info("调用商品服务，端口号为："+port);
        return goodsService.findById(id);
    }
}
```

启动商品服务，并在浏览器中访问两次订单接口，共需要查询 6 个商品，所以需要调用
6 次商品服务。在控制台中可以看到商品服务调用情况是轮询调用，而不是所有接口都在一
个服务中调用，如图 12-4 和图 12-5 所示。因此，Ribbon 的负载均衡策略默认为轮询调用服
务清单中的服务。

GoodsApplication	GoodsApplication2			✿
▤ Console	⚡ Endpoints			

```
  308  INFO 9036 --- [nio-7001-exec-8] c.hzdl.goods.controller.GoodsController   : 调用商品服务，端口号为: 7001
  789  INFO 9036 --- [nio-7001-exec-9] c.hzdl.goods.controller.GoodsController   : 调用商品服务，端口号为: 7001
  331  INFO 9036 --- [io-7001-exec-10] c.hzdl.goods.controller.GoodsController   : 调用商品服务，端口号为: 7001
```

图 12-4　调用端口号为 7001 的商品服务

GoodsApplication	GoodsApplication2			✿ ...
▤ Console	⚡ Endpoints			

```
  FO 8188 --- [nio-7003-exec-1] o.a.c.c.C.[Tomcat].[localhost].[/]      : Initializing Spring DispatcherServlet 'dispatcherSer
  FO 8188 --- [nio-7003-exec-1] o.s.web.servlet.DispatcherServlet       : Initializing Servlet 'dispatcherServlet'
  FO 8188 --- [nio-7003-exec-1] o.s.web.servlet.DispatcherServlet       : Completed initialization in 14 ms
  FO 8188 --- [nio-7003-exec-1] c.hzdl.goods.controller.GoodsController  : 调用商品服务，端口号为: 7003
  FO 8188 --- [nio-7003-exec-2] c.hzdl.goods.controller.GoodsController  : 调用商品服务，端口号为: 7003
  FO 8188 --- [nio-7003-exec-3] c.hzdl.goods.controller.GoodsController  : 调用商品服务，端口号为: 7003
```

图 12-5　调用端口号为 7003 的商品服务

12.3　Ribbon 工作原理

微课 12-3

在使用 RestTemplate 进行服务交互的时候，在其注入的 Bean 上添加了
@LoadBalanced，这样它就默认使用 Ribbon 进行负载均衡处理。但是
RestTemplate 是 Spring 提供的，Bean 跟 Ribbon 客户端负载均衡又有什么关系
呢？下面就来深入地研究 Ribbon 是如何结合 RestTemplate 实现客户端服务调
用的负载均衡。

既然 RestTemplate 是使用了@LoadBalanced 才让其实现 Ribbon 的负载均衡，那么就从这
个注解开始着手研究。

按住 "Ctrl" 键并单击@LoadBalanced 查看源码，会发现这个注解里面没有特殊的内容，
但是从源码的注释中可以知道该注解是标记在 RestTemplate 或 WebClient Bean 上的，从而配
置为 LoadBalancerClient。继续查看 LoadBalancerClient 的源码，可以发现它是一个定义了负
载均衡方法的接口，如程序清单 12-2 所示。

程序清单 12-2

```
public interface LoadBalancerClient extends ServiceInstanceChooser {
    <T> T execute(String serviceId, LoadBalancerRequest<T> request) throws
```

```
IOException;
    <T> T execute(String serviceId, ServiceInstance serviceInstance,
            LoadBalancerRequest<T> request) throws IOException;
    URI reconstructURI(ServiceInstance instance, URI original);
}
```

除了上面源码中定义负载均衡的几种方法外，LoadBalancerClient 还继承了 ServiceInstance-Chooser 接口中的 choose 方法，如程序清单 12-3 所示。

程序清单 12-3

```
public interface ServiceInstanceChooser {
    ServiceInstance choose(String serviceId);
}
```

通过查看这几个功能方法的注释可以得知，choose 方法是通过 serviceId（服务 ID）从负载均衡器中挑选出对应的服务实例；execute 方法是使用从负载均衡器中挑选出来的服务来处理请求；reconstructURI 方法表示为服务实例创建一个 host:port 的 URI 实例。我们通过 IDEA 查看 LoadBalancerClient 接口继承和实现关系，如图 12-6 所示。

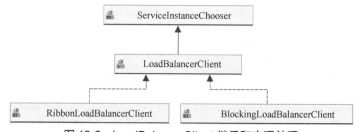

图 12-6　LoadBalancerClient 继承和实现关系

从图 12-6 可以看到，RibbonLoadBalancerClient 是 LoadBalancerClient 的实现类，单击查看它的源码可知它是执行客户端负载均衡处理功能的子类。RibbonLoadBalancerClient 重写的 choose 功能方法中，内部通过 getServer 方法根据 serviceId 获取到服务，而从 getServer 方法中可以发现其是通过 ILoadBalancer 接口来实现的，如程序清单 12-4 所示。

程序清单 12-4

```
@Override
public ServiceInstance choose(String serviceId) {
    return choose(serviceId, null);
}
public ServiceInstance choose(String serviceId, Object hint) {
    Server server = getServer(getLoadBalancer(serviceId), hint);
    if (server == null) {
        return null;
    }
    return new RibbonServer(serviceId, server, isSecure(server, serviceId),
            serverIntrospector(serviceId).getMetadata(server));
}
```

```
protected Server getServer(ILoadBalancer loadBalancer, Object hint) {
    if (loadBalancer == null) {
        return null;
    }
        return loadBalancer.chooseServer(hint != null ? hint : "default");
}
```

ILoadBalancer 是一个接口，所以它只定义了实现负载均衡的方法，如程序清单 12-5 所示。通过方法定义可知 ILoadBalancer 接口及其实现子类主要实现的是 addServers（添加服务）、chooseServer（选择服务）、getAllServers（获取服务）和 getServerList（获取服务列表）等。同样地，通过 IDEA 工具查看其类的实现关系，如图 12-7 所示。

程序清单 12-5

```
public interface ILoadBalancer {
    void addServers(List<Server> var1);
    Server chooseServer(Object var1);
    void markServerDown(Server var1);
    @Deprecated
    List<Server> getServerList(boolean var1);
    List<Server> getReachableServers();
    List<Server> getAllServers();
}
```

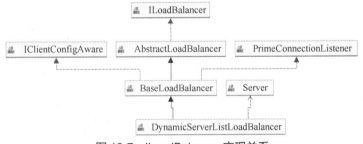

图 12-7　ILoadBalancer 实现关系

ILoadBalancer 接口的实现类是 AbstractLoadBalancer，但它是一个抽象类，所以服务的获取、选择以及添加等操作主要在其子类 BaseLoadBalancer 和 DynamicServerListLoadBalancer 中实现。这两个子类中还定义了负载均衡的客户端配置 IClientConfig、获取服务的负载均衡策略 IRule、通过 IPing 接口进行 ping 测试来判断服务是否可用，以及从 Eureka 服务列表中获取服务列表 Server 集合对象等，这里不再列出其源码。

通过上面的描述，可知负载均衡进行服务的添加、获取、选择等操作主要是通过 LoadBalancerClient 的子类 RibbonLoadBalancerClient 实现的，那么为什么在 RestTemplate 注入的 Bean 上添加@LoadBalanced 就可以加载 RibbonLoadBalancerClient 进行负载均衡呢？这是因为 Ribbon 有一个自动配置类 RibbonAutoConfiguration，而 RibbonAutoConfiguration 加载前会加载 LoadBalancerAutoConfiguration 配置类，在 LoadBalancer-AutoConfiguration 中有一个被@LoadBalanced 修饰的 RestTemplate 集合，在进行初始化的时候使用 RestTemplateCustomizer 给每一个 RestTemplate 都添加了 LoadBalancerInterceptor 拦截器。LoadBalancerAutoConfiguration

部分源码如程序清单 12-6 所示。

程序清单 12-6

```java
public class LoadBalancerAutoConfiguration {
    @LoadBalanced
    @Autowired(required = false)
    private List<RestTemplate> restTemplates = Collections.emptyList();
    @Autowired(required = false)
    private List<LoadBalancerRequestTransformer> transformers =
Collections.emptyList();
    @Bean
    public SmartInitializingSingleton
loadBalancedRestTemplateInitializerDeprecated(
            final ObjectProvider<List<RestTemplateCustomizer>>
restTemplateCustomizers) {
        return () -> restTemplateCustomizers.ifAvailable(customizers -> {
            for (RestTemplate restTemplate : LoadBalancerAutoConfiguration.
this.restTemplates) {
                for (RestTemplateCustomizer customizer : customizers) {
                    customizer.customize(restTemplate);
                }
            }
        });
    }
    ...
    @Bean
    @ConditionalOnMissingBean
    public RestTemplateCustomizer restTemplateCustomizer(
            final LoadBalancerInterceptor loadBalancerInterceptor) {
        return restTemplate -> {
            List<ClientHttpRequestInterceptor> list = new ArrayList<>(
            restTemplate.getInterceptors());
            list.add(loadBalancerInterceptor);
            restTemplate.setInterceptors(list);
        };
    }
}
```

LoadBalancerInterceptor 拦截器（其源码如程序清单 12-7 所示）负责拦截请求，并把请求交给 LoadBalancerClient 负载均衡类处理，因此 RestTemplate 就实现了负载均衡的功能。

程序清单 12-7

```
public class LoadBalancerInterceptor implements ClientHttpRequestInterceptor {
    private LoadBalancerClient loadBalancer;
    private LoadBalancerRequestFactory requestFactory;
    public LoadBalancerInterceptor(LoadBalancerClient loadBalancer,
            LoadBalancerRequestFactory requestFactory) {
        this.loadBalancer = loadBalancer;
        this.requestFactory = requestFactory;
    }
    public LoadBalancerInterceptor(LoadBalancerClient loadBalancer) {
        // for backwards compatibility
        this(loadBalancer, new LoadBalancerRequestFactory(loadBalancer));
    }
    @Override
    public ClientHttpResponse intercept(final HttpRequest request, final
byte[] body,
            final ClientHttpRequestExecution execution) throws IOException
{
        final URI originalUri = request.getURI();
        String serviceName = originalUri.getHost();
        Assert.state(serviceName != null,
                "Request URI does not contain a valid hostname: " +
originalUri);
        return this.loadBalancer.execute(serviceName,
                this.requestFactory.createRequest(request, body, execution));
    }
}
```

12.4　Ribbon 负载均衡策略

微课 12-4

通过 12.3 节解析 Ribbon 原理可知，在 BaseLoadBalancer 中通过 IRule 接口定义了很多的负载均衡策略，所以可以通过查看 IRule 的接口类实现关系来看一下 Ribbon 有哪些负载均衡策略，如图 12-8 所示。

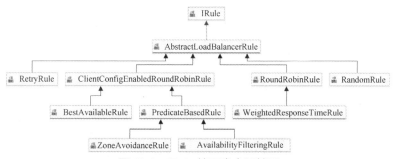

图 12-8　IRule 接口类实现关系

IRule 接口的直接子类是 AbstractLoadBalancerRule，但是它是一个抽象类。它只定义了一个 ILoadBalancer 负载均衡对象，通过它可以从负载均衡器中获取信息并维护，将其作为分配的依据，并以此设计一些算法来实现针对特定场景的高效策略。图 12-8 中各个具体的实现类表示不同的负载均衡策略，下面介绍几个常用的策略。

- RoundRobinRule：Ribbon 默认的负载均衡策略，该策略实现了按照线性轮询的方式选择每个服务实例的功能。
- RandomRule：该策略是通过线程安全获取一个不超过服务列表数量的整型随机数，然后从服务列表中随机获取一个服务实例。
- RetryRule：该策略实现了一个具备重试机制的实例选择功能。该策略下，如果轮询获取某一个服务在一个配置时间段内不成功，则一直尝试使用 subRule 对象的 choose 方法选择服务功能来选择一个可用的服务。
- WeightedResponseTimeRule：RoundRobinRule 策略的拓展，它实现了根据权重（Weight）选择服务的功能，并根据平均响应时间分配一个权重，响应时间越长，权重越小，被选中的概率越低；响应时间越短，权重越大，被选中的概率越高。
- BestAvailableRule：该策略会根据服务状态来判断服务是否处于断路跳闸状态，然后选择一个连接数小的服务。

12.5 Ribbon 策略测试和其他配置

12.5.1 Ribbon 策略测试

通过 12.2 节的 Ribbon 第一个实例已经知道 Ribbon 从服务清单里面调用服务默认是通过轮询的方式，接下来将通过修改一些配置来体验其他的负载均衡策略。

微课 12-5

首先，需要在订单服务的 application.yml 文件中配置其他的负载均衡策略，如程序清单 12-8 所示。其中，goods 表示服务的名称，NFLoadBalancerRuleClassName 表示配置策略类所在的路径名，这是对调用 goods 服务进行负载均衡策略设置，如果要调用其他服务则可以把服务名称去掉，表示配置调用所有服务的 Ribbon 策略。

程序清单 12-8

```
goods:
  ribbon:
    NFLoadBalancerRuleClassName: com.netflix.loadbalancer.RandomRule #随机
策略

    # NFLoadBalancerRuleClassName: com.netflix.loadbalancer.RetryRule #重
试机制

    # NFLoadBalancerRuleClassName: com.netflix.loadbalancer.
WeightedResponseTimeRule #权重机制
```

配置好随机策略之后，多配置几个商品服务，然后通过订单服务调用商品服务，如图 12-9～图 12-11 所示。

图 12-9～图 12-11 是多次调用接口的结果，从中可以发现它们被调用的次数不是均等的，依次查看会发现使用的不是轮询调用而是随机调用，当把 application.yml 中的配置注释掉之后发现又变成了轮询调用，即使用轮询策略。

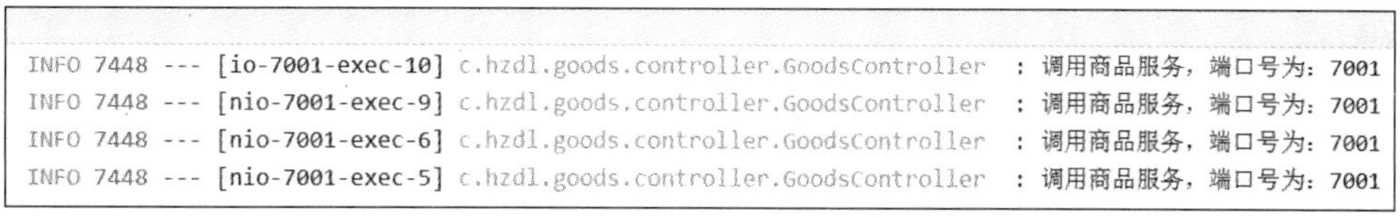

```
INFO 7448 --- [io-7001-exec-10] c.hzdl.goods.controller.GoodsController  : 调用商品服务，端口号为: 7001
INFO 7448 --- [nio-7001-exec-9] c.hzdl.goods.controller.GoodsController  : 调用商品服务，端口号为: 7001
INFO 7448 --- [nio-7001-exec-6] c.hzdl.goods.controller.GoodsController  : 调用商品服务，端口号为: 7001
INFO 7448 --- [nio-7001-exec-5] c.hzdl.goods.controller.GoodsController  : 调用商品服务，端口号为: 7001
```

图 12-9　调用端口号为 7001 的商品服务

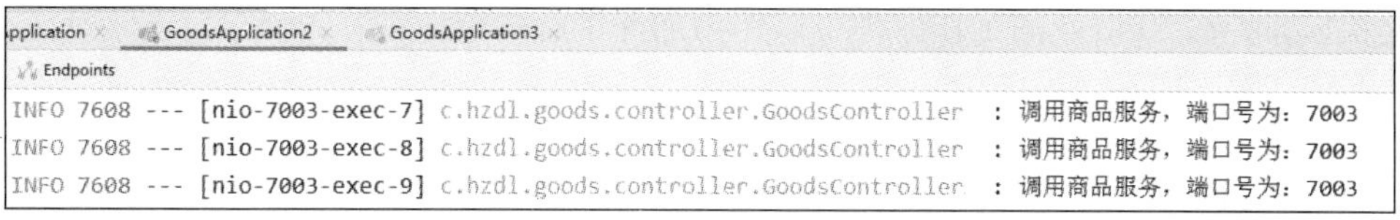

```
pplication    GoodsApplication2    GoodsApplication3
  Endpoints
INFO 7608 --- [nio-7003-exec-7] c.hzdl.goods.controller.GoodsController  : 调用商品服务，端口号为: 7003
INFO 7608 --- [nio-7003-exec-8] c.hzdl.goods.controller.GoodsController  : 调用商品服务，端口号为: 7003
INFO 7608 --- [nio-7003-exec-9] c.hzdl.goods.controller.GoodsController  : 调用商品服务，端口号为: 7003
```

图 12-10　调用端口号为 7003 的商品服务

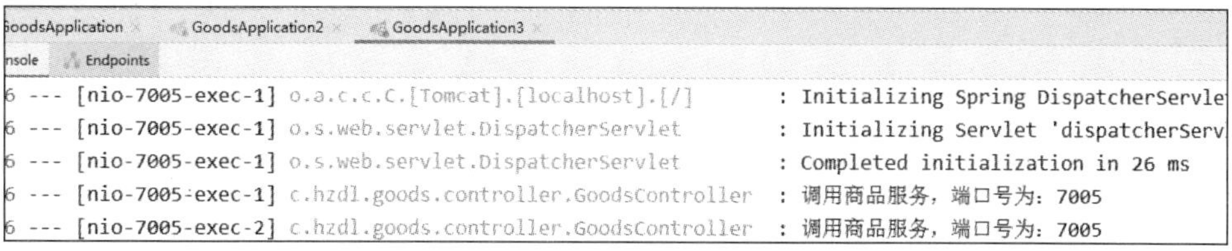

```
oodsApplication    GoodsApplication2    GoodsApplication3
onsole    Endpoints
6 --- [nio-7005-exec-1] o.a.c.c.C.[Tomcat].[localhost].[/]       : Initializing Spring DispatcherServle
6 --- [nio-7005-exec-1] o.s.web.servlet.DispatcherServlet        : Initializing Servlet 'dispatcherServ
6 --- [nio-7005-exec-1] o.s.web.servlet.DispatcherServlet        : Completed initialization in 26 ms
6 --- [nio-7005-exec-1] c.hzdl.goods.controller.GoodsController  : 调用商品服务，端口号为: 7005
6 --- [nio-7005-exec-2] c.hzdl.goods.controller.GoodsController  : 调用商品服务，端口号为: 7005
```

图 12-11　调用端口号为 7005 的商品服务

12.5.2　Ribbon 其他配置

调用服务的时候，除了需要配置负载均衡调用策略外，可能还需要配置服务调用超时时间、重试次数等，如程序清单 12-9 所示。

程序清单 12-9

```
ribbon:
    #常用配置
    ConnectTimeout: 30000 #连接超时时间
    ReadTimeout: 30000   #读取超时时间
    MaxTotalConnections: 500 #最大连接数
    #重试机制配置
    MaxAutoRetries: 1   #对当前服务实例的重试次数
    MaxAutoRetriesNextServer: 1 #切换服务实例的重试次数（不包括第一个服务）
    OkToRetryOnAllOperations: true  # 是否对连接超时、读超时、写超时都进行重试
    retryableStatusCodes: 500,404,502  #对 HTTP 响应码进行重试
```

Ribbon 在进行负载均衡时，并不是启动时就加载上下文，而是在实际的请求发送时才去请求上下文信息，获取被调用者的 IP 地址、端口号。这种方式在网络环境较差时往往会使得第一次请求超时，导致调用失败。此时需要配置 Ribbon 客户端进行饥饿加载，如程序清单 12-10 所示。饥饿加载是指在启动的时候便加载所有配置项到应用程序上下文。

程序清单 12-10

```
ribbon:
  eager-load:
    enabled: true
    clients: goods
```

本章小结

本章主要介绍了 Spring Cloud 中的客户端负载均衡器 Ribbon，介绍了什么是负载均衡、如何使用 Ribbon 实现负载均衡以及 Ribbon 的负载均衡策略、Ribbon 的工作原理以及配置 Ribbon。其中，如何使用 Ribbon 实现负载均衡以及配置 Ribbon 的负载均衡策略等相关知识需要读者掌握，而 Ribbon 的工作原理可以作为加深了解内容。

本章练习

一、判断题

1. Ribbon 配置类中，使用@LoadBalanced 的作用是将修饰的 RestTemplate 添加到拦截器。
（　　）
2. Ribbon 可以自定义负载均衡策略。
（　　）

二、简答题

1. 列举 5 种 Ribbon 的负载均衡策略，并简单描述。
2. Ribbon 是做什么的？

面试达人

面试 1：说说你是如何使用 Ribbon 的。
面试 2：说说 Ribbon 的工作原理。

第 13 章 服务熔断器 Hystrix

学习目标

- 了解服务雪崩效应产生的原因和应对的策略。
- 熟悉 Hystrix 的使用及其工作原理。
- 熟悉如何在 Feign 中使用 Hystrix 进行服务降级。
- 熟悉 Hystrix Dashboard 和 Turbine 的使用。

微课 13-0

在微服务架构系统中，可能被拆分出很多的服务，如电商项目中的订单服务、商品服务、库存服务等，这些服务之间通过相互调用进行通信。而如果在一个服务被调用时，另外一个服务因为网络故障或者自身处理逻辑出现问题等原因不能正常工作的时候，发起调用的服务（即服务调用者）就会处于线程等待状态，直到请求超时才会请求失败。当服务调用者和请求变得越来越多的时候，就会出现大量的线程处于等待而无响应状态，占用了大量内存资源一直到服务崩溃，严重时甚至会影响其他应用，而要解决这个问题就需要使用 Spring Cloud Netflix 提供的一个熔断机制组件 Hystrix。

13.1 服务雪崩效应

在微服务架构系统中通常会有多个服务，在服务调用中如果出现基础服务故障，可能会导致级联故障，即一个服务不可用，可能导致所有调用它或间接调用它的服务都不可用，进而造成整个系统不可用的情况，这种现象也被称为服务雪崩效应。

微课 13-1

服务雪崩效应是一种因"服务提供者不可用"（原因）导致"服务调用者不可用"（结果），并将不可用逐渐放大的现象。

服务雪崩效应示意如图 13-1 所示，A 为服务提供者，B 为 A 的服务调用者，C 为 B 的服务调用者。当服务 A 因为某些原因导致不可用时，会引起服务 B 的不可用，并将不可用放大到服务 C 进而导致整个系统瘫痪，这样就形成了服务雪崩效应。

出现服务雪崩效应的原因如下。

- 硬件故障：如服务器宕机、机房断电、光纤被挖断等。
- 流量激增：如异常流量、重试加大流量等。
- 缓存穿透：一般发生在应用重启，所有缓存失效

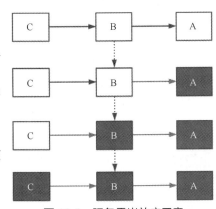

图 13-1 服务雪崩效应示意

时，以及短时间内大量缓存失效时，因大量的缓存不命中，使请求直击后端服务，造成服务提供者超负荷运行，引起服务不可用。

- 程序 bug：如程序逻辑导致死循环或者内存泄漏等。
- 同步等待：服务间采用同步调用模式，同步等待造成资源耗尽。

那么怎么避免出现服务雪崩效应呢？可以针对不同的原因准备应对的策略。例如，针对流量激增，可以进行限流和关闭重试；针对缓存穿透，可以进行缓存预先加载；针对程序 bug，找到 bug 并修复即可；至于硬件故障和同步等待的问题，就需要在服务调用者调用服务提供者出问题的时候进行中断访问并做出相应的处理，即进行服务熔断和服务降级处理来解决。那么如何进行服务熔断和服务降级处理呢？使用 Hystrix 熔断器来实现即可。

13.2　Hystrix 介绍

微课 13-2

Hystrix 翻译成汉语有海参、豪猪和猬草的意思，它们的特征是身上长有棘刺，主要是起到保护的作用，这也彰显了 Hystrix 在微服务中的作用。

Hystrix 是由 Netflix 公司开源的一个延迟和容错库，它通过隔离远程系统、服务或者第三方库之间的访问，防止级联失败并提供回退选项，从而提升系统的可用性、容错性与局部应用的弹性。通过 GitHub 的介绍，可以了解到 Hystrix 的设计目标和原则。

Hystrix 的设计目标如下。

- 对来自依赖的延迟和故障进行防护和控制。
- 阻止故障的连锁反应。
- 快速失败并迅速恢复。
- 回退并优雅降级。
- 提供近实时的监控与警告。

Hystrix 的设计原则如下。

- 防止任何单独依赖项耗尽所有资源（例如用户线程）。
- 服务过载立即切断并快速失败，防止排队。
- 在可行的情况下提供备用的服务，以保护用户免受故障的影响。
- 使用隔离技术（例如隔板、泳道和断路器模式）来限制任何一种依赖关系的影响。
- 通过近实时指标、监控和警告确保故障被及时发现。
- 通过在 Hystrix 中以低延迟传播配置的更改来优化恢复时间，并支持动态属性配置，使用户可以通过低延迟反馈回路进行实时操作修改。
- 防止整个依赖客户端执行失败，而不仅仅是网络通信失败。

由上述可知，Hystrix 具备服务熔断、服务降级、线程和影响隔离以及实施指标监控等强大功能。而在 Spring Cloud 中使用 Hystrix 有两种方式来实现服务的熔断和降级等操作，一种是结合 Ribbon 来实现，另一种是结合 Feign 来实现。

13.3　Hystrix 结合 Ribbon 实现熔断和降级

微课 13-3

当进行服务调用的时候使用的是 RestTemplate 方式，那么在服务调用的时候进行服务熔断就需要结合 Ribbon 来使用，并且当服务出现故障的时候服务调用者也需要知道并做出相应的处理，比如进行服务降级。下面结合 Ribbon 来实现服务的熔断和降级处理。开发步骤如下。

① 使用 IDEA 创建一个名为"hystrix-ribbon"的 Spring Boot 项目来进行开发和测试。这里需要将其注册到 Eureka 注册中心，所以和之前的项目相似，需要配置 Eureka Client 和 Web，并且需要加入 Ribbon 和 Hystrix 依赖。Ribbon 无须添加额外的依赖，所以只需添加 Hystrix 的依赖即可。pom.xml 文件如程序清单 13-1 所示。application.yml 文件如程序清单 13-2 所示。

程序清单 13-1

```
<dependency>
    <groupId>org.springframework.cloud</groupId>
    <artifactId>spring-cloud-starter-netflix-hystrix</artifactId>
</dependency>
```

程序清单 13-2

```
server:
  port: 7010
spring:
  application:
    name: hystrix
eureka:
  client:
    service-url:
      #defaultZone: http://localhost:7000/eureka/
      #defaultZone: http://server1:6001/eureka/
      defaultZone: http://hzdl:hzdl@localhost:7000/eureka/
ribbon:
  eager-load:
    enabled: true
    clients: goods
```

② 在启动类前添加@EnableCircuitBreaker 开启 Hystrix 功能，并创建 RestTemplate。为了简便，Spring Cloud 提供了一个继承@EnableCircuitBreaker 的@EnableHystrix，所以直接在启动类前添加@EnableHystrix 即可，如程序清单 13-3 所示。当然也可以直接使用@SpringCloudApplication 来代替程序清单 13-3 中的所有注解，如程序清单 13-4 所示。其中@EnableDiscoveryClient 相当于@EnableEurekaClient。

程序清单 13-3

```
@SpringBootApplication
@EnableEurekaClient
//开启熔断器
@EnableHystrix
public class HystrixApplication {
```

```
    public static void main(String[] args) {
        SpringApplication.run(HystrixApplication.class, args);
    }
    @Bean
    @LoadBalanced
    public RestTemplate restTemplate(){
        return new RestTemplate();
    }
}
```

程序清单 13-4

```
@Target(ElementType.TYPE)
@Retention(RetentionPolicy.RUNTIME)
@Documented
@Inherited
@SpringBootApplication
@EnableDiscoveryClient
@EnableCircuitBreaker
public @interface SpringCloudApplication {
}
```

③ 创建 controller 包，并在该包中创建 HystrixController 类，在该类中定义调用商品服务的接口，如程序清单 13-5 所示。创建 service 包，并在该包中创建 GoodsService 接口，在该接口中定义查找商品的方法，然后创建 impl 包，并在该包中创建 GoodsServiceImpl 服务实现类，如程序清单 13-6 和程序清单 13-7 所示。

程序清单 13-5

```
@RestController
@RequestMapping("hystrix")
public class HystrixController {
    @Autowired
    private GoodsService goodsService;
    @GetMapping("/goods/{id}")
    public Object one(@PathVariable Integer id){
        return goodsService.findGoodsById(id);
    }
}
```

程序清单 13-6

```
public interface GoodsService {
    String findGoodsById(Integer id);
}
```

程序清单 13-7

```
@Service
public class GoodsServiceImpl implements GoodsService {
    @Autowired
    private RestTemplate restTemplate;
    @Override
    //出现故障则进行服务熔断，并进行回退降级处理
    @HystrixCommand(fallbackMethod = "goodsFallBack")
    public String findGoodsById(Integer id){
        return restTemplate.getForObject("http://goods/goods/one?id="+id,
String.class);
    }
    public String goodsFallBack(Integer id){
        return "商品服务出现故障，请稍后再试";
    }
}
```

④ 进行测试。启动 Eureka 注册中心，启动一个商品服务，然后启动 hystrix 服务，正常情况下访问接口可以返回预期想要的结果，如图 13-2 所示。

图 13-2　请求正常的商品服务

⑤ 模拟商品服务出现故障。把商品服务关掉，再来访问商品服务，会发现很快就返回了"商品服务出现故障，请稍后再试"，如图 13-3 所示。证明实现了熔断并进行了服务降级处理。

图 13-3　请求故障的商品服务

13.4　Hystrix 结合 Feign 实现熔断和降级

Feign 本身就整合了 Hystrix，所以它自带熔断和降级功能，只不过默认熔断功能是关闭的，需要开发者自己去开启。所以只需要在 Hystrix 服务项目上添加 Feign 服务访问方式即可实现熔断和降级。开发步骤如下。

微课 13-4

① 在 pom 中添加 feign 依赖，然后在 application.yml 中开启 Feign 的熔断功能，如程序清单 13-8 所示。并在启动类前添加@EnableFeignClients，如程序清单 13-9 所示。

程序清单 13-8

```
feign:
  hystrix:
    enabled: true
```

程序清单 13-9

```
@SpringBootApplication
@EnableEurekaClient
//开启熔断器
@EnableHystrix
//启动 Feign
@EnableFeignClients
public class HystrixApplication {
...
}
```

② 在 service 包下创建一个使用 Feign 方式调用的商品服务接口 GoodsService2，并创建 fallback 包以及服务降级处理类 GoodsFallBack，如程序清单 13-10 和程序清单 13-11 所示。

程序清单 13-10

```
@FeignClient(value = "goods",fallback = GoodsFallBack.class)
public interface GoodsService2 {
    @RequestMapping("/goods/one")
    String findById(@RequestParam("id") Integer id);
}
```

程序清单 13-11

```
@Component
public class GoodsFallBack implements GoodsService2 {
    @Override
    public String findById(Integer id) {
        return "商品服务出现故障，请稍后再试";
    }
}
```

③ 将 HystrixController 中调用商品服务接口的 Service 换成 GoodsService2 来调用，如程序清单 13-12 所示。然后进行正常访问和故障访问测试，结果如图 13-4 和图 13-5 所示。

程序清单 13-12

```
@RestController
@RequestMapping("hystrix")
public class HystrixController {
    @Autowired
    private GoodsService2 goodsService2;
    @GetMapping("/goods2/{id}")
    public Object one2(@PathVariable Integer id){
        return goodsService2.findById(id);
    }
}
```

```
←  →  C  ⌂    ① localhost:7010/hystrix/goods2/1

{
    id: 1,
    name: "手机",
    price: 1000
}
```

图 13-4　Feign 方式访问正常商品服务

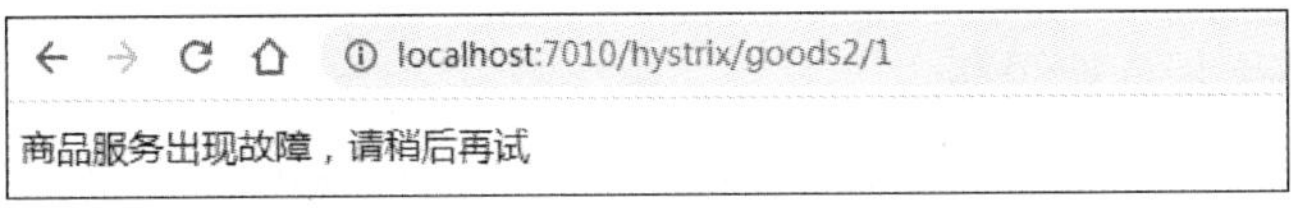

```
←  →  C  ⌂    ① localhost:7010/hystrix/goods2/1

商品服务出现故障，请稍后再试
```

图 13-5　Feign 方式访问故障商品服务

13.5　Hystrix 原理分析

微课 13-5

通过 13.3 节和 13.4 节了解了 Hystrix 的基本使用，下面将通过 Hystrix 官方的工作流程（如图 13-6 所示）来解析 Hystrix 是怎样实现服务熔断和降级的。

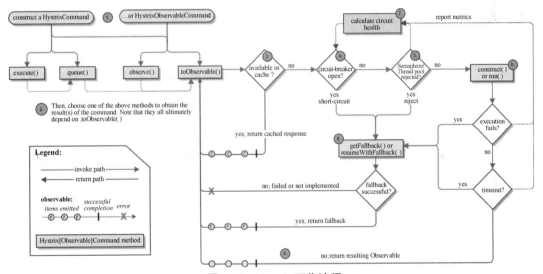

图 13-6　Hystrix 工作流程

图 13-6 中执行的步骤如下。

① 创建一个 HystrixCommand 或者 HystrixObservableCommand 对象。

先通过调用 HystrixCommand 或 HystrixObservableCommand 类的构造方法，进行依赖项的参数传递并创建 HystrixCommand 或 HystrixObservableCommand 对象，其内部使用了"命令模式"对外部依赖访问逻辑进行了封装。这两个对象的区别在于当依赖服务返回的结果是单个结果就用 HystrixCommand，而 HystrixObservableCommand 返回的是多个结果。

② 执行命令。

创建对象之后，会调用封装命令的方法执行命令。从图 13-6 中可以看到总共有 4 种命令方法。其中 HystrixCommand 类中封装了两种命令方法。

●　.execute()：采用同步阻塞的方式从依赖请求中获取单一的结果对象，出错时将抛出异常。

- .queue()：返回一个包含获取单一结果对象的 Future 对象。

HystrixObservableCommand 类中封装了另外两种命令方法，并且使用了观察者-订阅者模式实现。

- .observe()：订阅一个从依赖请求中返回的代表响应的 Observable 对象。
- .toObservable()：同样返回一个 Observable 对象，只有当订阅它的时候才会执行 Hystrix 命令并返回结果。

③ 检查返回结果是否被缓存。

如果命令的请求缓存已经开启，并且当前请求的结果已经存在于缓存中，那么会立即返回一个包含缓存响应的 Observable 对象。

④ 检查断路器是否被打开。

当命令的请求结果没有缓存的时候，Hystrix 会检查断路器是否被打开。如果断路器已被打开，那么 Hystrix 命令就不会执行，而是跳转到图 13-6 中的第 8 步获取 fallback 方法并执行 fallback 逻辑进行服务降级；如果断路器没有被打开，将跳转到图 13-6 中的第 5 步，检查是否有可用资源来执行命令。

⑤ 检查线程池、信号量、队列是否已满。

如果检查到与当前命令相关的线程池、信号量或队列已经满了，那么 Hystrix 命令就不会执行，而是跳转到图 13-6 中的第 8 步获取 fallback 方法并执行 fallback 逻辑进行服务降级。

⑥ 检查执行 construct 或者 run 方法。

Hystrix 通过写方法的逻辑来决定请求依赖服务的时候使用哪个类的方法，如果请求返回的是单一结果，就执行 run 方法，如果出错则抛出异常；如果请求返回的是多个结果，就执行 construct 方法，并将返回的结果存放到 Observable 对象中或者调用 onError 方法发送错误通知。

如果 run 或者 construct 方法的执行时间大于命令所设置的超时时间，那么该线程将会抛出 TimeoutException 异常，这种情况下，Hystrix 将会跳转到图 13-6 中的第 8 步，进行 fallback 服务降级处理。同时，如果 run 或者 construct 方法没有被取消或者中断，则会忽略 run 或者 construct 方法的返回结果。

如果命令没有抛出异常并返回了结果，那么 Hystrix 在返回结果后会执行一些日志和指标的上报。如果调用 run 方法，那么 Hystrix 会返回一个 Observable 对象，该 Observable 对象会发送单个结果并且会调用 onCompleted 方法来通知请求结束；如果调用 construct 方法，那么 Hystrix 会将请求响应的结果放到 Observable 对象中并返回。

⑦ 计算断路器的健康指标。

Hystrix 会报告"成功""失败""拒绝""超时"等信息给断路器，断路器包含一系列的滑动窗口数据，并通过该数据进行统计。Hystrix 会根据这些统计的数据进行分析来决定是否需要进行熔断，如果需要熔断，那么在一段时间内将不再进行请求；如果熔断时间段已过但是根据统计数据发现还是未达到健康指标，那么再次进行熔断处理。

⑧ 进行 fallback 服务降级处理。

如果命令最终执行失败，Hystrix 就会尝试执行自定义的 fallback 服务降级逻辑处理。以下情况可以导致 fallback 服务降级处理。

- 第④步中，当断路器打开而命令执行处于熔断状态的时候。
- 第⑤步中，当执行命令的线程池、信号量或队列已满的时候。

- 第⑥步中，当执行 run 或者 construct 方法的时候抛出了异常。
- 当命令执行超时的时候。

在进行 fallback 服务降级处理的时候，需要写一个通用的返回结果，并且该返回结果只能是一些静态的或者从缓存中获取的结果。如果没有实现 fallback 方法处理，那么当命令抛出异常时，Hystrix 仍然会返回一个 Observable 对象，但是这个对象没有任何返回结果，并且 Hystrix 会立即终止并调用 onError 方法发送错误通知，通过 onError 方法发送的通知可以将造成该命令抛出异常的原因返回给服务调用者。

⑨ 返回成功的响应。

当 Hystrix 命令执行成功后，它将以 Observable 对象返回结果给服务调用者，根据第②步的调用方式的不同，在返回 Observable 对象之前可能会做一些转换，如图 13-7 所示。下面介绍一下图 13-7 中的几个命令处理。

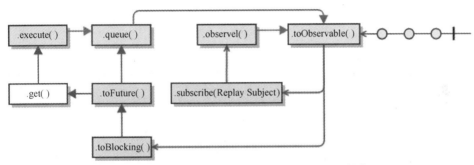

图 13-7　Hystrix 返回 Observable 对象并进行转换

- .execute()：通过 queue 方法来获取一个 Future 对象，然后调用 get 方法来获取 Future 对象中包含的值。
- .queue()：将 toObservable 方法返回的 Observable 对象通过 toBlocking 方法转换成 BlockingObservable 对象，并通过 toFuture 方法返回对应的 Future 对象。
- .observe()：在 toObservable 方法产生原始的 Observable 对象后立即订阅，然后命令马上开始进行异步执行并返回一个新的 Observable 对象，当调用该对象的 subscribe 方法时将重新产生结果并通过订阅模式通知订阅者。
- .toObservable()：返回一个没有改变的 Observable 对象，必须订阅它，它才能够开始执行命令的逻辑。

13.6　Hystrix Dashboard

13.5 节对 Hystrix 实现服务熔断和降级进行了原理分析，在其解释中提到了 Hystrix 命令执行会根据其健康指标来决定是否熔断，这些健康指标除了可以让 Hystrix 自己决定熔断外，开发者也能够实时地查看，这对于系统的运维也非常有帮助。那么怎样才能查看 Hystrix 的健康指标呢？其实 Hystrix 通过访问配置的 URL 地址就可以看到监控信息，但是这样看到的监控信息难以分析，如图 13-8 所示。

微课 13-6

Hystrix 提供了 Dashboard（仪表盘），Dashboard 以图表的形式让开发者能更加清晰地查看服务的健康指标信息。Dashboard 的使用步骤如下。

data: {"type":"HystrixCommand","name":"GoodsClient#getGoods(Long)","group":"goods-
service","currentTime":1600154471673,"isCircuitBreakerOpen":false,"errorPercentage":0,"errorCount":0,"requestCount":1,"rollingCountBadRequests":0,"rollingCountCollapsedRequests":0,"rollingCo
untEmit":0,"rollingCountExceptionsThrown":0,"rollingCountFailure":0,"rollingCountFallbackEmit":0,"rollingCountFallbackFailure":0,"rollingCountFallbackMissing":0,"rollingCountFallbackRejectio
n":0,"rollingCountFallbackSuccess":0,"rollingCountResponsesFromCache":0,"rollingCountSemaphoreRejected":0,"rollingCountShortCircuited":0,"rollingCountSuccess":1,"rollingCountThreadPoolReject
ed":0,"rollingCountTimeout":0,"currentConcurrentExecutionCount":0,"rollingMaxConcurrentExecutionCount":0,"latencyExecute_mean":575,"latencyExecute":
{"0":137,"25":137,"50":307,"75":1080,"90":1080,"95":1080,"99":1080,"99.5":1080,"100":1080},"latencyTotal_mean":580,"latencyTotal":
{"0":139,"25":139,"50":308,"75":1090,"90":1090,"95":1090,"99":1090,"99.5":1090,"100":1090},"propertyValue_circuitBreakerRequestVolumeThreshold":20,"propertyValue_circuitBreakerSleepWindowInM
illiseconds":5000,"propertyValue_circuitBreakerErrorThresholdPercentage":50,"propertyValue_circuitBreakerForceOpen":false,"propertyValue_circuitBreakerForceClosed":false,"propertyValue_circu
itBreakerEnabled":true,"propertyValue_executionIsolationStrategy":"THREAD","propertyValue_executionIsolationThreadTimeoutInMilliseconds":1000,"propertyValue_executionTimeoutInMilliseconds":1
000,"propertyValue_executionIsolationThreadInterruptOnTimeout":true,"propertyValue_executionIsolationThreadPoolKeyOverride":null,"propertyValue_executionIsolationSemaphoreMaxConcurrentReques
ts":10,"propertyValue_fallbackIsolationSemaphoreMaxConcurrentRequests":10,"propertyValue_metricsRollingStatisticalWindowInMilliseconds":10000,"propertyValue_requestCacheEnabled":true,"proper
tyValue_requestLogEnabled":true,"reportingHosts":1,"threadPool":"goods-service"}

data: {"type":"HystrixThreadPool","name":"goods-
service","currentTime":1600154471673,"currentActiveCount":0,"currentCompletedTaskCount":1,"currentCorePoolSize":10,"currentLargestPoolSize":1,"currentMaximumPoolSize":10,"currentPoolSize":1,
"currentQueueSize":0,"currentTaskCount":1,"rollingCountThreadsExecuted":1,"rollingMaxActiveThreads":1,"rollingCountCommandRejections":0,"propertyValue_queueSizeRejectionThreshold":5,"propert
yValue_metricsRollingStatisticalWindowInMilliseconds":10000,"reportingHosts":1}

图 13-8　Hystrix 监控信息

① 创建一个名为"hystrix-dashboard"的 Spring Boot 项目，不需要指定为 Eureka Client。然后在 pom.xml 文件中添加 spring-cloud-starter-netflix-hystrix-dashboard 依赖，如程序清单 13-13 所示。

程序清单 13-13

```
<dependency>
    <groupId>org.springframework.cloud</groupId>
    <artifactId>spring-cloud-starter-netflix-hystrix-dashboard</artifactId>
</dependency>
```

② 在启动类前添加@EnableHystrixDashboard 开启 Dashboard，如程序清单 13-14 所示。并在 application.yml 中配置开放访问权限，如程序清单 13-15 所示。

程序清单 13-14

```
@SpringBootApplication
@EnableHystrixDashboard
public class HystrixDashboardApplication {
    public static void main(String[] args) {
        SpringApplication.run(HystrixDashboardApplication.class, args);
    }
}
```

程序清单 13-15

```
server:
  port: 7020
spring:
  application:
    name: hystrix-dashboard
hystrix:
  dashboard:
    proxy-stream-allow-list: "*"
```

③ 因为 Hystrix 是通过监控服务调用监控信息的，并且需要访问被监控服务的"/hystrix.stream"接口，而这个接口也是 Actuator 监控的一个端点，所以需要在服务调用者的 pom.xml 文件中添加 Actuator 依赖，并开放监控的端点信息，如程序清单 13-16 和程序清单 13-17 所示。

程序清单 13-16

```
<dependency>
    <groupId>org.springframework.cloud</groupId>
    <artifactId>spring-cloud-starter-netflix-hystrix</artifactId>
</dependency>
<dependency>
    <groupId>org.springframework.boot</groupId>
    <artifactId>spring-boot-starter-actuator</artifactId>
</dependency>
```

程序清单 13-17

```
#暴露监控信息
management:
  endpoints:
    web:
      exposure:
        include: "*"
```

④ 分别启动 Eureka 注册中心、goods 服务、hystrix 服务（调用了 goods 服务）以及 hystrix-dashboard 服务，然后在浏览器中访问"http://localhost:7020/hystrix"，可以看到 Hystrix Dashboard 入口，如图 13-9 所示。

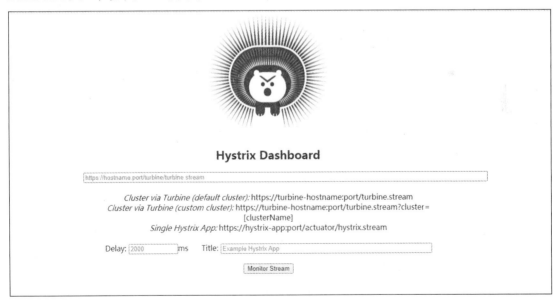

图 13-9　Hystrix Dashboard 入口

图 13-9 中不是监控信息，是进入监控信息的入口，需要开发者指定监控的服务才可以看到服务调用的监控信息。调用的格式页面中已给出，第一个文本框中的内容是需要监控的服务或者集群的地址，这里暂时不需要监控集群，所以输入监控的服务地址即可，即输入"http://localhost:7010/actuator/hystrix.stream"；"Delay"文本框中是轮询调用服务监控信息的延迟时间，默认是 2000ms（2s）；"Title"文本框中是监控页面的标题，这里我们输入

"hystrix 服务调用商品服务"，然后单击"Monitor Stream"就可以进入 Hystrix Dashboard 页面，如图 13-10 所示。

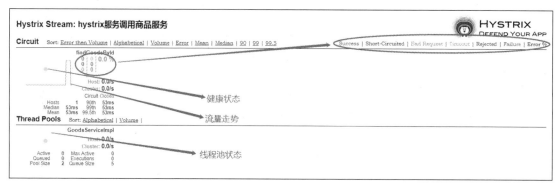

图 13-10　Hystrix Dashboard 页面

从图 13-10 中可以看到一些信息指标，例如，显示的指标有实心圆（表示健康状态）、曲线（表示流量走势）等，下面进行详细地介绍。

- 实心圆。

实心圆表示健康状态的指标。实心圆的颜色的变化代表调用的服务实例的健康程度，它的颜色有绿色、黄色、橙色、红色等，健康程度依次递减。而实心圆的大小与实例请求的流量有关，流量越大实心圆越大，所以通过实心圆也可以判断实例是否健康、是否处于高压状态下。

- 曲线。

曲线用来观察服务调用的流量变化，可以通过曲线的高低变化来查看哪个时间段服务调用比较频繁、服务调用压力比较大而容易出现故障等。

- 颜色数字。

不同颜色的数字表示调用服务实例的结果，如图 13-10 所示，依次为绿色表示成功、蓝色表示熔断、浅绿色表示错误请求、黄色表示超时、紫色表示拒绝访问、红色表示失败、黑色表示错误。

- 线程池状态。

通过线程池状态指标可以看到当前活跃的线程数、某个主机或者集群的请求频率、线程池大小等数据信息。

13.7　Hystrix 通过 Turbine 实现集群监控

13.6 节带领读者使用 Hystrix Dashboard 查看服务调用的监控信息，以此来查看某些服务的健康状态。但是只查看了 goods 服务被调用的健康状态，而在一个复杂的分布式系统中，相同服务类型的节点可能有很多个，它们组成了

微课 13-7

一个集群。如果想要同时监控集群中多个服务节点的健康指标信息，就需要使用 Turbine 进行集群监控。Turbine 可以把集群中每个服务节点的 Hystrix Dashboard 数据进行整合，然后把数据放到一个页面进行展示，从而实现集中监控。

在 Hystrix Dashboard 页面中，监控的端点除了"hystrix.stream"外，还有"turbine.stream"，意味着可以监控集群的端点信息。Turbine 实现集群监控如图 13-11 所示。

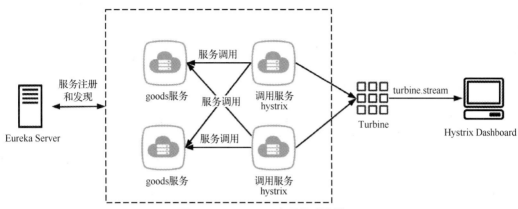

图 13-11　Turbine 实现集群监控

实现 Turbine 集群监控具体的步骤如下。

① 在 hystrix-dashboard 项目的 pom.xml 文件中添加 Eureka Client、Turbine 依赖，如程序清单 13-18 所示。

程序清单 13-18

```
<dependency>
    <groupId>org.springframework.cloud</groupId>
    <artifactId>spring-cloud-starter-netflix-hystrix-dashboard</artifactId>
</dependency>
<dependency>
    <groupId>org.springframework.cloud</groupId>
    <artifactId>spring-cloud-starter-netflix-eureka-client</artifactId>
</dependency>
<dependency>
    <groupId>org.springframework.cloud</groupId>
    <artifactId>spring-cloud-starter-netflix-turbine</artifactId>
</dependency>
```

② 在启动类前添加@EnableTurbine 开启 Turbine 功能，如程序清单 13-19 所示。

程序清单 13-19

```
@SpringBootApplication
@EnableHystrixDashboard
@EnableEurekaClient
@EnableTurbine
public class HystrixDashboardApplication {
    public static void main(String[] args) {
        SpringApplication.run(HystrixDashboardApplication.class, args);
    }
}
```

③ 为 hystrix 服务再配置一个服务节点，端口号为"7011"，名称为"hystrix-cluster2"，

如图 13-12 所示。并且在 hystrix-dashboard 服务的 application.yml 中配置 Turbine 的聚合监控
服务以及聚合集群等信息，如程序清单 13-20 所示。

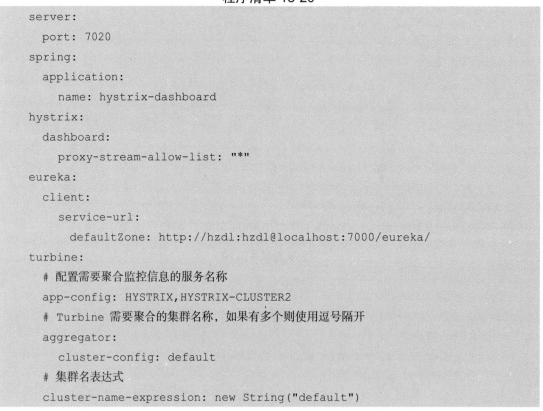

图 13-12　配置服务节点 "hystrix-cluster2"

程序清单 13-20

```yaml
server:
  port: 7020
spring:
  application:
    name: hystrix-dashboard
hystrix:
  dashboard:
    proxy-stream-allow-list: "*"
eureka:
  client:
    service-url:
      defaultZone: http://hzdl:hzdl@localhost:7000/eureka/
turbine:
  # 配置需要聚合监控信息的服务名称
  app-config: HYSTRIX,HYSTRIX-CLUSTER2
  # Turbine 需要聚合的集群名称，如果有多个则使用逗号隔开
  aggregator:
    cluster-config: default
  # 集群名表达式
  cluster-name-expression: new String("default")
```

④ 分别启动 Eureka 注册中心、两个 goods 服务、hystrix 服务、hystrix-cluster2 服务以及
hystrix-dashboard 服务，并查看服务注册情况，如图 13-13 所示。在浏览器中分别使用 hystrix
服务和 hystrix-cluster2 服务访问 goods 服务，如图 13-14 和图 13-15 所示。最后在 http://localhost:

7020/hystrix 的监控信息入口处，输入集群监控地址"http://localhost:7020/turbine.stream"，就可以看到多个服务调用在一个面板显示，如图 13-16 所示。

Instances currently registered with Eureka			
Application	AMIs	Availability Zones	Status
GOODS	n/a (2)	(2)	UP (2) - lzf.lan:goods:7001 , lzf.lan:goods:7003
HYSTRIX	n/a (1)	(1)	UP (1) - lzf.lan:hystrix:7010
HYSTRIX-CLUSTER2	n/a (1)	(1)	UP (1) - lzf.lan:hystrix-cluster2:7011
HYSTRIX-DASHBOARD	n/a (1)	(1)	UP (1) - lzf.lan:hystrix-dashboard:7020

图 13-13　服务注册情况

```
←  →  C  ⌂      ① localhost:7010/hystrix/goods2/1

{
    id: 1,
    name: "手机",
    price: 1000
}
```

图 13-14　hystrix 服务访问 goods 服务

```
←  →  C  ⌂      ① localhost:7011/hystrix/goods2/3

{
    id: 3,
    name: "洗衣机",
    price: 2000
}
```

图 13-15　hystrix-cluster2 服务访问 goods 服务

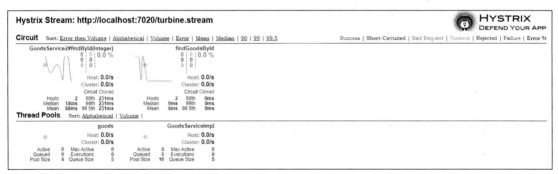

图 13-16　Turbine 集群监控

本章小结

本章主要介绍了服务容错保护库 Hystrix。首先，通过介绍服务雪崩效应，引出了 Hystrix，其次，介绍了 Hystrix 的作用以及它是如何实现容错的。之后，通过一个案例介绍了 Hystrix 在 Feign 中是如何使用的。最后，通过 Hystrix Dashboard 和 Turbine 实现了对 Hystrix 的监控和集中监控。希望读者能够熟练运用 Hystrix 进行服务的容错处理，理解 Hystrix 在 Spring Cloud 微服务架构开发中的重要性。

本章练习

一、判断题

1. @EnableHystrix 用于开启熔断功能。　　　　　　　　　　　　　　（　　）
2. Hystrix 可以阻止服务雪崩效应的产生。　　　　　　　　　　　　　（　　）

二、简答题

1. 介绍一下 Hystrix 的工作流程。
2. 什么是服务雪崩效应？

面试达人

面试：列举 Hystrix 用到的注解，并简要介绍其作用。

第⑭章　Spring Cloud 配置中心

微课 14-0

学习目标

- 了解 Spring Cloud Config 的作用。
- 熟悉 Config Server 从本地仓库读取配置文件。
- 熟悉 Config Server 从远程仓库 Git 读取配置文件。
- 熟悉 Spring Cloud Config 使用 RabbitMQ 消息队列并结合 Spring Cloud Bus 实现配置的自动刷新。
- 熟悉如何搭建 Config Server 高可用集群。

前面的章节中通过搭建各种微服务介绍了 Spring Cloud 的 Eureka、网关 Zuul、客户端负载均衡器 Ribbon 以及服务熔断器 Hystrix 的使用，但是之前的微服务的配置都是服务单独配置的全局文件。而在一个基于微服务的分布式系统中，可能业务非常多，划分的服务以及服务集群也可能很多，每个服务都有自己相应的配置，除了项目运行的一些基础配置外还可能有一些跟业务有关的配置，如短信、邮件相关配置等。如果这么多的服务配置都单独管理的话将非常烦琐，所以对微服务中的配置文件做到统一集中管理、让服务配置修改后无须重启应用就可以生效变得非常迫切。要解决这样的问题就需要使用分布式配置中心。Spring Cloud 提供的分布式配置中心就是本章要讲解的 Spring Cloud Config。

14.1 Spring Cloud Config 介绍

微课 14-1

市场上的开源的配置中心有很多，如奇虎 360 的 QConf、淘宝的 Diamond、百度的 Disconf、携程的 Apollo 都可解决上述提到的问题，同样地 Spring Cloud 提供的配置中心则是 Spring Cloud Config。

Spring Cloud Config 在官方文档中表述为：为分布式系统中的外部化配置提供服务器 Config Server 和客户端 Config Client 支持。使用 Config Server，您可以在所有环境中管理应用程序的外部属性。它与 Spring 应用程序非常契合，也可以与任何以任何语言运行的应用程序一起使用。对于应用程序从开发到测试和生产的部署流程，Config Server 都可以管理这些环境之间的配置，并确定应用程序具有迁移时需要运行的一切。服务器存储后端的默认实现使用 Git，因此它轻松支持配置信息的版本管理，以及可以访问用于管理内容的各种工具。可以轻松添加替代实现，并使用 Spring 配置将其插入。

Spring Cloud Config 默认支持的是从 Git 存储读取配置信息，也支持从其他的存储方式读取配置信息，如本地文件系统、SVN 仓库等。想要学会使用 Spring Cloud Config，读者需要先了解 Spring Cloud Config 实现配置的两个重要角色：Config Server 和 Config Client。

1. Config Server

Config Server 是一个集中式的配置服务器，它提供配置文件的存储配置，支持本地仓库读取配置，也支持远程 Git 或 SVN 读取配置，默认为 Git 存储配置，然后以接口的形式将配置文件的内容提供出去。它主要有以下功能。

- 提供用于外部配置的基于 HTTP 资源的 API。
- 对配置文件中的属性进行加密和解密。
- 可轻松地使用@EnableConfigServer 将其应用到 Spring Boot 程序中。

2. Config Client

Config Client 是 Config Server 的客户端，可以通过 Config Server 提供的 API 获取到存储的配置属性，并依据此初始化自己的应用。它主要有以下功能。

- 绑定到 Config Server 并使用远程属性源初始化 Spring 容器。
- 对配置文件中的属性进行加密和解密。

Config Server 和 Config Client 实现配置读取的流程如图 14-1 所示。

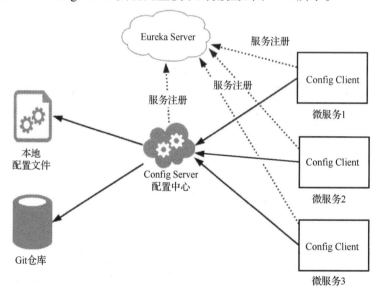

图 14-1　Config Server 和 Config Client 实现配置读取的流程

从图 14-1 中可以看出，Config Client 的配置都是从 Config Server 中获取的，而 Config Server 根据开发者自己配置的方式从本地配置文件或者 Git 仓库获取配置。所以接下来想要实现分布式配置就需要进行 Config Server 和 Config Client 的搭建和配置。

14.2　配置 Config Server

通过之前的介绍读者已经知道 Config Server 读取配置文件有两种方式：一种是从本地仓库中读取并缓存到 Config Server 项目中；另一种是从远程仓库读取（这里以 Git 为例）并缓存到 Config Server 项目中供 Config Client 获取。下面采用这两种不同的方式搭建 Config Server（其实只是 application.yml 配置不同而已）。

微课 14-2

14.2.1　Config Server 从本地仓库读取配置文件

本地仓库存储配置主要用于日常应用中的开发和调试，当应用发布后就可以使用远程 Git 仓库存储配置，开发者可以设置一个多环境配置，在本地与线上配置间来回切换。

从本地仓库获取配置信息需要分两个部分完成，一个部分是配置本地读取方式的 Config Server 端，另一个部分就是配置读取本地配置的 Config Client 端。

1.　本地存储 Config Server 搭建

① 通过 IDEA 工具创建一个名为 "config-server" 的 Spring Boot 项目，考虑到需要对配置中心进行服务管理以及后面需要实现配置中心的高可用集群，所以这里需要把它配置成一个 Eureka Client，配置的方式和之前配置时类似。在项目的 pom.xml 文件中添加 spring-cloud-config-server 依赖，如程序清单 14-1 所示。

程序清单 14-1

```
<dependency>
    <groupId>org.springframework.cloud</groupId>
    <artifactId>spring-cloud-starter-netflix-eureka-client</artifactId>
</dependency>
<dependency>
    <groupId>org.springframework.cloud</groupId>
    <artifactId>spring-cloud-config-server</artifactId>
</dependency>
```

② 为项目创建 YAML 配置文件，分别为本地存储环境 application.yml、Git 存储环境 application-pro.yml。在 application.yml 文件中配置端口号、项目名称、Config Server 信息，如程序清单 14-2 所示。从程序清单 14-2 中的注释可以看出，Config Server 默认在项目的 src/main/resources 目录下搜索配置文件，所以需要在项目的 resources 文件夹下创建 config 文件夹，并在里面创建一个 config-client-dev.yml 文件，在该文件中配置一些自定义信息，如图 14-2 所示。

程序清单 14-2

```
server:
  port: 7030
spring:
  application:
    name: config-server
  profiles:
    # 本地读取配置需要 active 的值为 native
    active: native
  cloud:
    config:
      server:
        #本地文件读取路径，Config Server 默认在项目的 src/main/resources 目录下搜索
配置文件
```

```
        native:
            search-locations: classpath:/config
# Eureka Client 配置
eureka:
  client:
    service-url:
      defaultZone: http://hzdl:hzdl@localhost:7000/eureka/
```

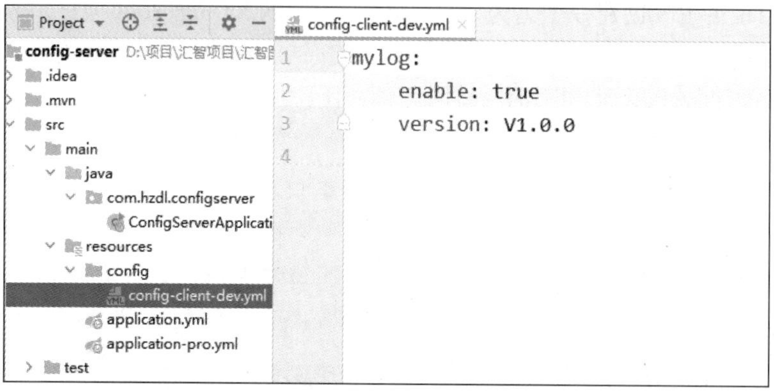

图 14-2　config-client-dev.yml 所在路径和代码

③ 在启动类前添加@EnableConfigServer 来启用 Config Server，如程序清单 14-3 所示。然后启动项目，在浏览器中访问 "http://localhost:7030/config/config-client-dev.yml"，返回配置文件 config-client-dev.yml 的内容则表示搭建 Config Server 成功，如图 14-3 所示。

程序清单 14-3

```
@EnableEurekaClient
@EnableConfigServer
@SpringBootApplication
public class ConfigServerApplication {
    public static void main(String[] args) {
        SpringApplication.run(ConfigServerApplication.class, args);
    }
}
```

图 14-3　Config Server 搭建成功

2. 本地存储 Config Client 搭建

其实 Config Client 是配置在各个业务服务项目中的，这里为了方便读者快速学会 Config 的使用，新建一个名为 "config-client" 的 Spring Boot 项目，通过 Config Server 来获取本地存储配置信息。

① 新建一个名为"config-client"的 Spring Boot 项目，并在项目的 pom.xml 文件中添加 Eureka Client、Web 和 Config Client 的依赖，如程序清单 14-4 所示。

程序清单 14-4

```
<dependency>
    <groupId>org.springframework.boot</groupId>
    <artifactId>spring-boot-starter-web</artifactId>
</dependency>
<dependency>
    <groupId>org.springframework.cloud</groupId>
    <artifactId>spring-cloud-starter-netflix-eureka-client</artifactId>
</dependency>
<dependency>
    <groupId>org.springframework.cloud</groupId>
    <artifactId>spring-cloud-starter-config</artifactId>
</dependency>
```

② 在 config-client 项目下的 resources 目录里面创建一个 bootstrap.yml 配置文件。注意，此时的配置文件不是 application.yml，bootstrap.yml 的不同之处在于它加载的优先级高于应用程序运行时执行的 application.yml 文件。如果配置的是 application.yml，那么程序直接就把 application.yml 的配置加载了，即使后续从 Config Server 中读取到了配置也不会生效，所以这里使用 bootstrap.yml 才能够正确读取并加载配置信息。在 bootstrap.yml 中就可以配置一些 Config Server 读取的配置，如程序清单 14-5 所示。

程序清单 14-5

```
server:
  port: 7031
# Eureka Client 配置
eureka:
  client:
    service-url:
      defaultZone: http://hzdl:hzdl@localhost:7000/eureka/
spring:
  application:
    name: config-client
  cloud:
    config:
      # 配置中心 Config Server 的地址
      uri: http://localhost:7030
      # 读取配置文件的{profile}部分，配置文件格式为 application-{profile}，例如
config-client-dev.yml
      profile: dev
      # 读取配置文件的项目名
```

```
    name: config-client
    fail-fast: true  # 获取不到远程配置时，立即失败
```

③ 创建一个 controller 包，并在 controller 包下创建一个读取配置的 ConfigController 类，通过@Value 读取 YAML 文件配置的方式，设计访问 Config Server 读取本地文件的接口，如程序清单 14-6 所示。然后在浏览器中访问 "http://localhost:7031/config/getVersion" 查看是否读取成功，结果如图 14-4 所示。

程序清单 14-6

```
@RestController
@RequestMapping("config")
public class ConfigController {
    @Value("${mylog.version}")
    private String version;
    @GetMapping("/getVersion")
    public String getVersion(){
        return "来自配置中心的版本信息: "+version;
    }
}
```

```
←  →  C  ⌂  ⓘ localhost:7031/config/getVersion

来自配置中心的版本信息: V1.0.0
```

图 14-4　通过接口访问测试

> **注意**　如果 Spring Boot 和 Spring Cloud 的版本不匹配会导致 bootstrap.yml 文件无法被读取。本章中 Spring Boot 的版本为 "2.2.11"，Spring Cloud 的版本为 "Hoxton.SR9"。

14.2.2　Config Server 从 Git 仓库读取配置文件

Config Server 如果从 Git 仓库读取配置文件，则需要提前创建一个 Git 仓库，具体的开发步骤如下。

① 在远程 Git 上创建一个仓库，这里使用 Gitee 来创建一个名为 "config" 的公开仓库，并将 config-client-dev.yml 文件上传到 Git 仓库，如图 14-5 所示。

图 14-5　Git 仓库中 config-client-dev.yml 内容

Git 仓库的存储方式跟本地存储基本一致，只需在 YAML 文件中把从本地存储获取改为从 Git 仓库获取。

② 在项目 config-server 中修改 Config Server 获取方式为 Git，主要是配置 Git 仓库地址、Git 分支名、连接 Git 的账号/密码或者 SSH（Secure Shell，安全外壳）连接方式的 private-key（私钥），如程序清单 14-7 所示。

程序清单 14-7

```
spring:
  application:
    name: config-server
  cloud:
    config:
      server:
        git:
          uri: https://gitee.com/runningTortoise/config.git #Git 仓库地址
          default-label: master    #默认分支
          # Git 远程仓库配置文件所在的路径，这里我们放到仓库根目录下，所以不需要配置
#         search-paths: xxx
          # 如果私有仓库地址为 "https" 形式的话，需要使用账号和密码连接
#         username: xxx
#         password: xxx
          # 连接私有仓库如果是 SSH 的方式，那么需要配置 private-key
#         private-key: xxxx
```

③ 在项目 config-client 中配置访问 Git 仓库，如配置中心地址、Git 分支名、配置文件环境{profile}等，如程序清单 14-8 所示。因为 Config Server 访问 Git 仓库时可能会因为网络等原因导致访问失败，所以可以进行失败重试配置，需要添加相关的依赖，如程序清单 14-9 所示。

程序清单 14-8

```
spring:
  application:
    name: config-client
  cloud:
    config:
      # 配置中心 Config Server 的地址
      uri: http://localhost:7030
      label: master  # 要访问 Git 的分支名，这里没有创建分支就写 master（主分支）
      # 读取配置文件的{profile}部分，配置文件格式为 application-{profile}，例如
config-client-dev.yml
      profile: dev
      name: config-client  # 读取配置文件的项目名
      fail-fast: true    # 获取不到远程配置时，立即失败
      # 失败重试配置
      retry:
```

```
        initial-interval: 1000 # 重试时间间隔
        max-interval: 5000 # 最大重试时间间隔
        max-attempts: 6  # 最大重试次数
```

程序清单 14-9

```xml
<!--失败重试依赖-->
<dependency>
    <groupId>org.springframework.retry</groupId>
    <artifactId>spring-retry</artifactId>
</dependency>
<dependency>
    <groupId>org.springframework.boot</groupId>
    <artifactId>spring-boot-starter-aop</artifactId>
</dependency>
```

④ 重启服务 config-server 和服务 config-client，然后在浏览器中访问 "localhost:7031/config/getVersion"，如果返回有结果那么证明从 Git 仓库获取配置信息成功，如图 14-6 所示。

```
← → C ⌂ ① localhost:7031/config/getVersion

来自配置中心的版本信息: V2.0.0
```

图 14-6　从 Git 仓库获取配置信息成功

14.3　结合 Spring Cloud Bus 实现配置动态刷新

微课 14-3

在 14.2 节中读者学习了在 Spring Cloud 微服务系统架构中使用 Config Server 进行本地仓库配置读取和线上环境的远程仓库 Git 配置读取，这些配置读取方式使得在多个微服务下也可以进行配置信息的集中管理。但是还有一个问题，那就是 Config Server 从 Git 读取配置文件是项目启动的时候进行的，如果项目启动后修改了配置信息，那么服务还是使用原来的配置信息，想要修改的配置即时生效还需要重启服务项目进行手动刷新。为了解决这个问题，Spring Cloud 提供了一些解决方式，例如，提供 @RefreshScope 可以实现配置修改之后自动刷新、提供 Spring Cloud Bus 消息总线配合 Config Server 进行多端配置的自动刷新。下面介绍如何在 Spring Cloud 系统中实现配置的自动刷新。

14.3.1　使用@RefreshScope 实现配置刷新

在使用@RefreshScope 之前需要先了解下这个注解。对于@RefreshScope，官方是这样解释的：在被此注解修饰的范围中的所有 Bean 仅在首次访问时初始化，因此该范围强制使用延迟初始化（延迟加载）。这个注解会为涉及作用域中的每个 Bean 创建一个代理对象。如果一个 Bean 被刷新，那么下次访问该 Bean（即执行一个方法）时，就会创建一个新实例。所有生命周期方法都应用于 Bean 实例，因此在刷新时会调用在 Bean 工厂的销毁回调方法，然后在创建新实例时正常调用初始化回调，新的 Bean 实例是根据原始 Bean 定义创建的，因此任何外部化的内容（属性占位符或字符串文本中的表达式）在创建时都会重新计算。

上面的描述说明了该注解的工作原理，具体实现配置自动刷新的代码参考 RefreshScope 类、GenericScope 类以及 Scope 接口的代码即可，这里就不展示了。

在 Spring Cloud 2.0 之前，只需要加入 Actuator 依赖，然后在使用的地方加上@RefreshScope 就可以使用 Spring Cloud 暴露的接口 "/refresh" 来刷新配置。但是 Spring Cloud 2.0 之后，需要开发者主动暴露 Actuator 的端点才可以。接下来通过一个案例来介绍@RefreshScope 的使用，具体步骤如下。

① 在服务 config-client 的 pom.xml 文件中加入 Actuator 依赖，如程序清单 14-10 所示。在使用配置的地方添加@RefreshScope，如程序清单 14-11 所示。

程序清单 14-10

```
<dependency>
    <groupId>org.springframework.boot</groupId>
    <artifactId>spring-boot-starter-actuator</artifactId>
</dependency>
```

程序清单 14-11

```
@RestController
@RequestMapping("config")
//自动刷新配置属性
@RefreshScope
public class ConfigController {
    @Value("${mylog.version}")
    private String version;
    @GetMapping("/getVersion")
    public String getVersion(){
        return "来自配置中心的版本信息: "+version;
    }
}
```

② 在 application.yml 或 bootstrap.yml 中，暴露 Actuator 的 "refresh" 端点信息，如程序清单 14-12 所示。

程序清单 14-12

```
#暴露刷新监控信息
management:
  endpoints:
    web:
      exposure:
        include: "refresh"
```

③ 进行测试。依次启动项目 eureka-server、config-server、config-client。先在浏览器中访问 "http://localhost:7031/config/getVersion"，查看配置信息，如图 14-7 所示。然后在远程 Git 上修改配置信息 mylog 的 version 为 V3.0.0，并通过 Postman 等工具使用 POST 请求访问 "http://localhost:7031/actuator/refresh"，如图 14-8 所示。最后，在浏览器中访问 "http://localhost: 7031/config/getVersion"，可以发现配置信息已经更新，如图 14-9 所示。

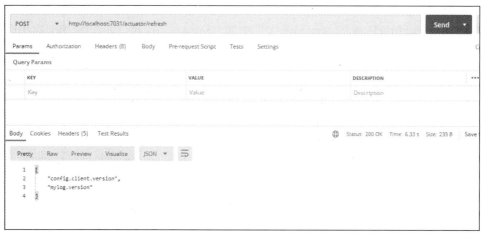

图 14-7　从 Git 获取的配置信息

图 14-8　Postman 调用刷新配置接口

图 14-9　刷新配置之后从 Git 获取的配置信息

通过上述介绍可知使用@RefreshScope 之后，不需要重启项目就可以从 Git 获取最新配置，但是目前还是存在两个问题。

问题一：需要使用 Postman 等工具手动调用 POST 请求接口"/actuator/refresh"才能刷新配置。

问题二：每次调用"/actuator/refresh"接口只能通知一个 Config Client 进行刷新，要刷新所有的 Config Client 就需要一个一个地调用。

问题一的解决方法：手动调用接口来刷新的问题，可以很容易地解决，因为不管是开源的 GitHub 和 Gitee 还是自建的 GitLab 都提供了 WebHook 功能。WebHook 可以在开发者修改 Git 的文件的时候触发一个行为并调用一个接口，这样就很好地解决了手动刷新的问题。WebHook 功能和 WebHook 功能参数配置如图 14-10 和图 14-11 所示。

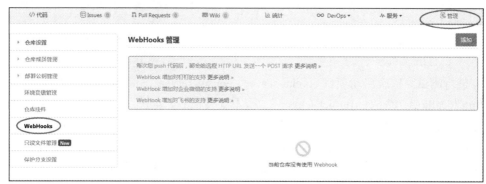

图 14-10　WebHook 功能

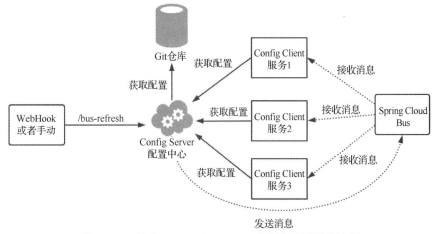

图 14-11 WebHook 功能参数配置

URL 就是前面提到的刷新配置的地址 "http://localhost:7031/actuator/refresh"，但是必须保证这个地址是可以被 GitHub 访问到的。也就是说，如果想使用本地项目内网的运行环境就不能使用 GitHub 或者 Gitee 的 WebHook 功能，当然，如果在本地项目内网搭建了代码管理工具（例如自建的 GitLab），就可以调用到内网的地址。

问题二的解决方法：多端配置刷新需要结合 Spring Cloud 提供的另外一个组件 Spring Cloud Bus 来实现，具体内容见 14.3.2 小节。

14.3.2 使用 Spring Cloud Bus 实现多端配置刷新

Spring Cloud Bus 将分布式系统的节点与轻量级消息代理连接起来。Spring Cloud Bus 可以用于广播状态更改（如配置更改）或其他管理指令。Spring Cloud Bus 就像一个扩展的 Spring Boot 应用程序的分布式执行器，但也可以用作应用程序之间的通信渠道。

Spring Cloud Bus 核心原理是利用基于 AMQP（Advanced Message Queuing Protocol，高级消息队列协议）的消息队列做广播来传播配置更新的消息，然后接收到消息的所有 Config Client 会从 Config Server 重新获取配置并刷新配置。结合 Spring Cloud Bus 实现自动刷新的流程如图 14-12 所示。目前官方支持 RabbitMQ 和 Kafka。

图 14-12 结合 Spring Cloud Bus 实现自动刷新的流程

在刷新配置的时候使用"/actuator/refresh"接口可以单独刷新一个微服务（局部刷新）；而使用"/actuator/bus-refresh"接口则可以刷新所有的 config-client 端配置（全局刷新）。

接下来以 RabbitMQ 为例，使用 Spring Cloud Bus 实现多端配置刷新，开发步骤如下。

① 安装 RabbitMQ，这里介绍 Windows 环境的 RabbitMQ 安装。在安装 RabbitMQ 之前首先需要在计算机上安装 Erlang，原因是 RabbitMQ 服务端代码是使用并发式语言 Erlang 编写的。进入 Erlang 下载页面后选择 Windows 版本，如图 14-13 所示。下载好之后直接双击 exe 文件进行安装即可。安装完之后配置 Erlang 的环境变量，如图 14-14 所示。然后进入 RabbitMQ 下载页面下载 Windows 版本的 RabbitMQ，如图 14-15 所示。下载完成之后安装 RabbitMQ。这里值得注意的是，RabbitMQ 和 Erlang 的版本一定要兼容，兼容版本参考如图 14-16 所示。

图 14-13　Erlang 下载页面　　　　图 14-14　配置 Erlang 的环境变量

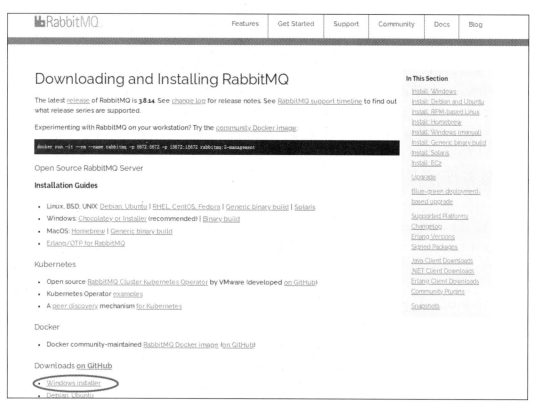

图 14-15　RabbitMQ 下载页面

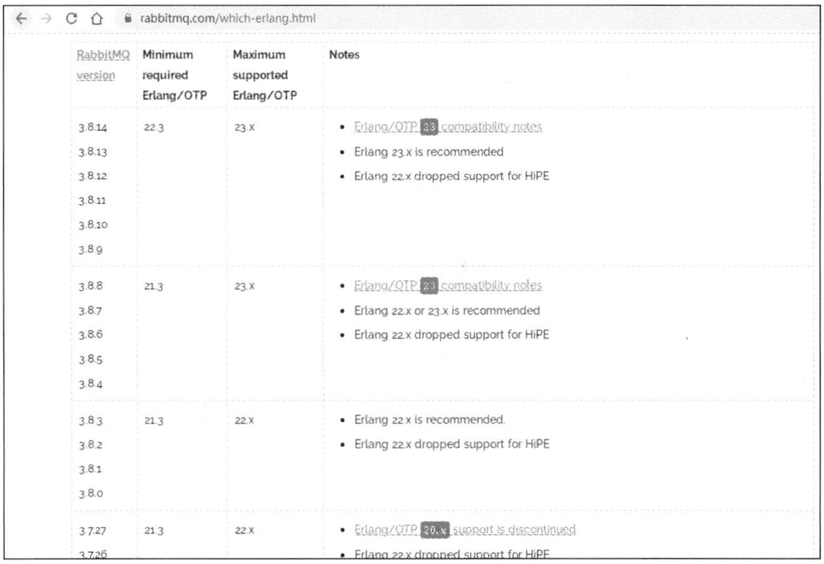

图 14-16　RabbitMQ 和 Erlang 兼容版本参考

② 安装好 RabbitMQ 之后需要启用插件管理。RabbitMQ 的安装包默认是没有启用任何插件的，所以需要使用 cmd 运行命令来启用 RabbitMQ 插件管理。进入 RabbitMQ 安装目录下的 sbin 目录，打开 cmd 命令行窗口，然后输入命令"rabbitmq-plugins.bat enable rabbitmq_management"启用插件，如图 14-17 所示。

图 14-17　启用 RabbitMQ 插件管理

③ 在开始菜单中找到并启动 RabbitMQ 服务，如图 14-18 所示。然后在浏览器中访问"http://localhost:15672/"，会弹出 RabbitMQ 后台登录页面，如图 14-19 所示。输入默认的用户名和密码（guest/guest）即可进入后台管理页面进行消息队列管理，如图 14-20 所示。

图 14-18　启动 RabbitMQ 服务

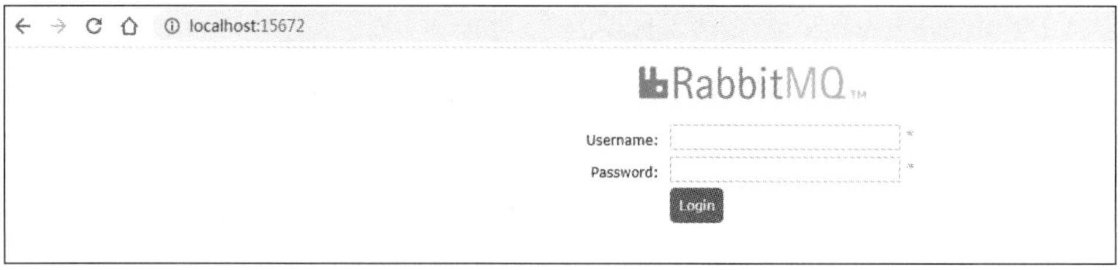

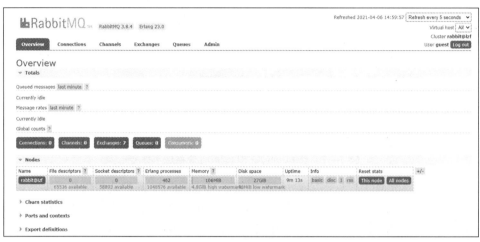

图 14-19　RabbitMQ 后台登录页面

图 14-20　RabbitMQ 后台管理页面

④ 对之前的服务 config-server 进行修改，在服务的 pom.xml 文件中加入 Spring Cloud Bus 依赖和 Actuator 依赖，如程序清单 14-13 所示。然后在 application-pro.yml 文件中配置 Actuator 暴露端点、启用 Spring Cloud Bus 以及 RabbitMQ 连接信息，如程序清单 14-14 所示。

程序清单 14-13

```
<dependency>
    <groupId>org.springframework.boot</groupId>
    <artifactId>spring-boot-starter-actuator</artifactId>
</dependency>
<!--Spring Cloud Bus 和 RabbitMQ 的整合-->
<dependency>
    <groupId>org.springframework.cloud</groupId>
    <artifactId>spring-cloud-starter-bus-amqp</artifactId>
</dependency>
```

程序清单 14-14

```
spring:
  application:
    name: config-server
  cloud:
    config:
      server:
```

```
      Git:
         uri: https://gitee.com/runningTortoise/config.Git
         default-label: master
   bus:
      enabled: true
      trace: #启用追踪
      enabled: true
   rabbitmq:
      host: localhost
      port: 5672
      username: guest
      password: guest
management:
  endpoints:
    web:
      exposure:
        include: "bus-refresh"
```

⑤ 对服务 config-client 进行修改,同步骤④一样,在 config-client 服务中也加入 Spring Cloud Bus 依赖和 Actuator 依赖,并且与 config-server 的 application-pro.yml 中一样,在 bootstrap.yml 中配置 Actuator 暴露端点、启用 Spring Cloud Bus 以及 RabbitMQ 连接信息。然后在使用配置的 ConfigController 类前添加@RefreshScope(见程序清单 14-11)。

⑥ 功能测试。先配置两个端口号不一样的 config-client 和 config-client2,如图 14-21 所示。然后启动各个服务,将 Git 仓库中配置文件版本修改为"V3.1.0",然后使用 Postman 的 POST 请求方式访问"http://localhost:7030/actuator/bus-refresh"刷新配置,如图 14-22 所示。分别访问"http://localhost:7031/config/getVersion"和"http://localhost:7032/config/getVersion",发现配置已经刷新,证明使用 Spring Cloud Bus 完成了多端配置刷新,如图 14-23 和图 14-24 所示。同样地,也可以查看 RabbitMQ 的队列信息、消息发送和接收情况等,如图 14-25 和图 14-26 所示。

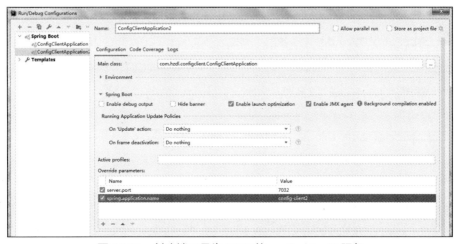

图 14-21　创建端口号为 7032 的 config-client2 服务

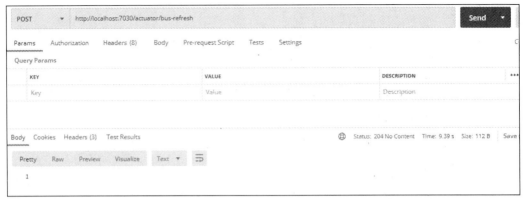

图 14-22　使用 Postman 调用 bus-refresh 刷新接口

图 14-23　访问 config-client 的 getVersion 接口

图 14-24　访问 config-client2 的 getVersion 接口

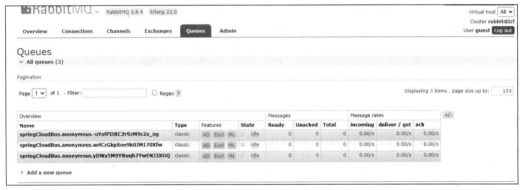

图 14-25　RabbitMQ 的队列信息

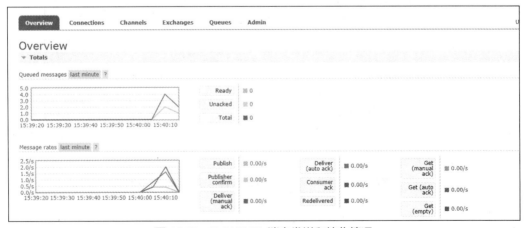

图 14-26　RabbitMQ 消息发送和接收情况

14.4　搭建 Config Server 高可用集群

在微服务架构中有了 Config Server 配置中心之后就可以从远程 Git 仓库读取配置文件,以达到配置集中管理以及配合 Spring Cloud Bus 实现配置的自动刷新。但是如果配置中心宕机或者出现其他故障,那将会是一个"噩耗",可能导致所有的 Config Client 服务无法读取配置,甚至可能导致服务程序无法正常运行,这时候就需要搭建 Config Server 高可用集群。

下面在原来项目的基础上进行改造,完成搭建包含多个 Config Server 的高可用集群,开发步骤如下。

① 通过 IDEA 工具的"Edit Configurations"的方式(或者在 application-pro.yml 中配置多个)配置一个端口号为 7035 的 config-server 服务节点,如图 14-27 所示。

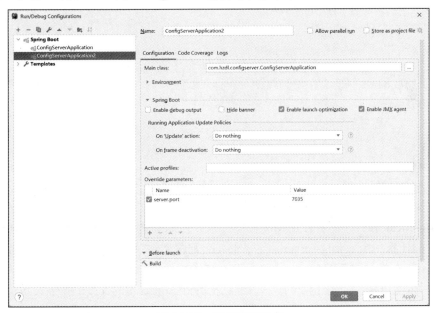

图 14-27　配置服务节点

② 修改服务 config-client 中的配置,因为 Config Server 有好几个,如果使用 URI 进行 IP+Port 或者 Host+Port 的方式维护可能不方便,所以改用 discovery(服务发现)的方式连接 Config Server,如程序清单 14-15 所示。

程序清单 14-15

```
spring:
  application:
    name: config-client
  cloud:
    config:
      # 配置中心 Config Server 的地址
      label: master  # 要访问 Git 的分支名,这里没有创建分支就写 master(主分支)
      # 读取配置文件的{profile}部分,配置文件格式为 application-{profile},例如
config-client-dev.yml
```

```
        profile: dev
        name: config-client  # 读取配置文件的项目名
        fail-fast: true   # 获取不到远程配置时，立即失败
        # 失败重试配置
        retry:
          initial-interval: 1000 # 重试时间间隔
          max-interval: 5000 # 最大重试时间间隔
          max-attempts: 6  # 最大重试次数
        # 启动使用服务发现的方式连接 Config Server
        discovery:
          enabled: true
          service-id: config-server
      bus:
        enabled: true
        trace: #启用追踪
        enabled: true
    rabbitmq:
      host: localhost
      port: 5672
      username: guest
      password: guest
```

③ 测试运行。依次启动 eureka-server、端口号分别为 7030 和 7035 的 config-server 服务以及 config-client 服务，服务注册情况如图 14-28 所示。然后模拟故障，关闭端口号为 7030 或者 7035 的任意一个 config-server 服务，将 Git 配置文件中的 mylog.version 改为"V3.3.0"，并使用 Postman 发送更新接口"http://localhost:7031/actuator/bus-refresh"。再次访问时，发现配置刷新后依然可用，如图 14-29 所示。继续把另外一个 config-server 服务关闭，将 Git 配置文件中的 mylog.version 改为"V3.4.0"，然后再次访问接口，发现还是原来的"V3.3.0"，说明配置没有更新，并且 Postman 访问报错，如图 14-30 所示。另外，config-client 服务的控制台也出现了很多重试连接但最终连接失败的信息，如图 14-31 所示。这就证明已经成功搭建了 Config Server 高可用集群。

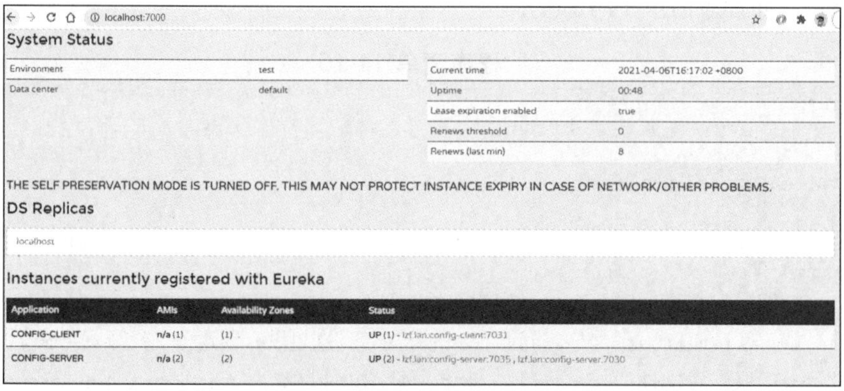

图 14-28　各服务注册情况

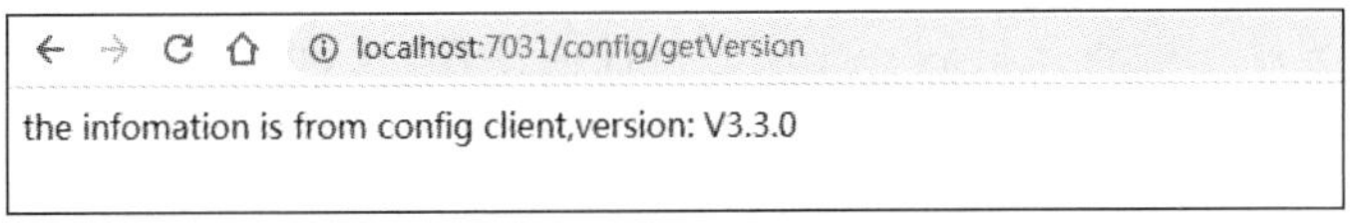

图 14-29　一个配置中心出现故障正常刷新配置

图 14-30　所有的配置中心出现故障 Postman 访问报错

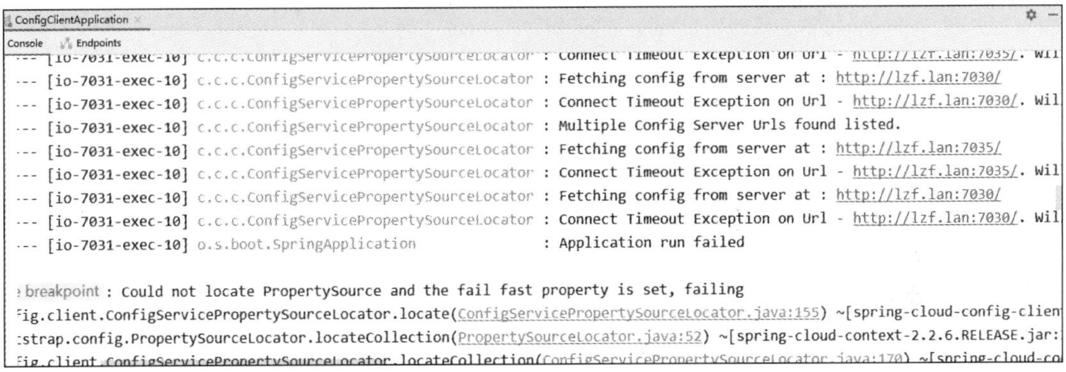

图 14-31　所有的配置中心出现故障 Config Client 报错

本章小结

　　本章主要介绍了分布式配置中心 Spring Cloud Config 的使用。首先，介绍了 Spring Cloud Config 的服务端和客户端。然后演示了如何搭建服务端、如何搭建客户端以及如何使用 @RefreshScope 实现单个 Config Client 配置的自动刷新和整合 Spring Cloud Bus 实现多个 Config Client 配置的自动刷新。最后，介绍了如何搭建高可用的 Config Server 集群。

　　通过本章的介绍，希望读者能掌握 Spring Cloud Config 的使用，能够独立完成 Config Server 读取远程仓库配置文件并搭建高可用的 Config Server 集群，掌握使用 Spring Cloud Bus 实现自动刷新的方法，并了解 Spring Cloud Config 在微服务架构中的作用以及重要性。

本章练习

一、判断题

1. bootstrap.yml 会优先于 application.yml 执行。　　　　　　　　　　　　　　　　（　　　）

2. 远程仓库更新了配置文件后，无须进行任何操作，Config Server 便能获取更新后的配置信息。 （　　）

二、简答题

1. Spring Cloud Config 的作用是什么？
2. 列举本章中使用的注解，并简述其作用。

面试达人

面试 1：如何从无到有搭建 Config Server 集群并实现自动刷新。

面试 2：说说 Spring Cloud Bus 是如何实现自动刷新配置的。

第 ⑮ 章　Spring Cloud 项目实战

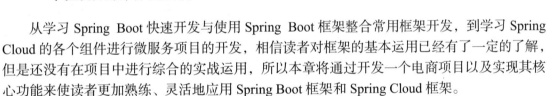

学习目标

微课 15-0

- 熟悉电商项目基本功能。
- 熟悉项目架构搭建与数据库设计。
- 熟悉 Spring Boot 框架和微服务 Spring Cloud 框架在项目中的使用。
- 掌握电商项目用户、商品、订单等模块的实现。
- 掌握项目网关实现接口统一访问和服务监控。
- 掌握项目的部署和运行。

从学习 Spring Boot 快速开发与使用 Spring Boot 框架整合常用框架开发，到学习 Spring Cloud 的各个组件进行微服务项目的开发，相信读者对框架的基本运用已经有了一定的了解，但是还没有在项目中进行综合的实战运用，所以本章将通过开发一个电商项目以及实现其核心功能来使读者更加熟练、灵活地应用 Spring Boot 框架和 Spring Cloud 框架。

15.1　项目分析

一个项目在开发之前必须要先进行需求分析，因此本节介绍一下项目的背景和功能需求，使读者对本项目的开发目标有一定了解。

微课 15-1

15.1.1　项目背景

学习过 Spring Boot 和 Spring Cloud 技术之后读者知道，Spring Boot 框架可以快速开发一个项目，特别适合小项目或者单一服务的开发，这意味着诸如 CRM（Customer Relationship Management，客户关系管理）、OA（Office Automation，办公自动化）等管理型系统使用 Spring Boot 开发就可以了。但是如果想要系统中的模块耦合性和影响性更小以及灵活性和扩展性更好，就要使用 Spring Cloud 进行微服务开发，而适合这类开发的项目当属电商类项目居多，所以这里选择电商项目进行实战。

15.1.2　项目功能介绍

通常来说，一个大的电商项目的业务功能模块很多，例如，用户管理、商品、评论、购物车、支付、秒杀、团购、店铺管理等功能。并且高并发量引起的并发性能、流量等问题导致所使用到的技术也非常多，例如，"秒杀"业务需要更多的技术支持和知识储备。因为篇幅有限，本章主要对电商项目的基本功能进行实战开发。开发的电商网站主要包含用户注册、用户登录、商品和分类、商品详情页、购物车及订单页面等功能。具体功能介绍以及效果展示如下。

1. 用户注册

用户在查看订单信息等功能的时候需要先登录，而登录之前需要用户先注册账号。注册时需要输入手机号、短信验证、用户名、密码等信息，如图 15-1 和图 15-2 所示。

图 15-1　用户注册——输入手机号

图 15-2　用户注册——输入其他信息

2. 用户登录

用户登录时需要输入正确的用户名和密码，如图 15-3 所示。

图 15-3　用户登录

3. 商品和分类

用户登录后通过搜索商品或者通过单击具体分类项可以查看商品列表信息，如图 15-4 和图 15-5 所示。

图 15-4　商品列表

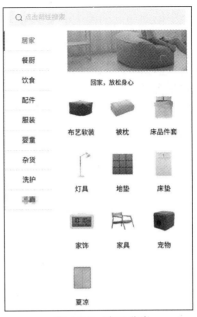

图 15-5　商品分类

4．商品详情页

在商品展示页单击商品后，可以进入商品详情页，其中会显示商品的详细信息，可以设置购买的数量并添加到购物车或者立即购买，如图 15-6 所示。

图 15-6　商品详情页

5．购物车

购物车页面显示了当前用户的购物车详情，用户可以将购物车中的商品结算，也可以编辑购物车中的商品，如图 15-7 所示。

6．订单页面

订单页面会显示当前用户所有的订单，订单状态包括"待付款""待发货""待收货"等状态，如图 15-8 所示。

图 15-7　购物车

图 15-8　订单页面

15.2　项目设计

15.2.1　系统架构设计

微课 15-2

了解了要开发的项目以及它的具体的业务功能之后，就可以开始设计系统架构和数据库。考虑到电商类系统的模块比较多，并且也希望整个系统不同模块之间的耦合性越低越好，这样的话各个模块独立运行时模块间影响也小，整个系统的稳定性和灵活性就能大大提高，所以这里使用 Spring Cloud 微服务架构进行开发。

使用 Spring Cloud 微服务架构进行开发，首先要做的就是划分微服务。根据业务功能将系统分为 6 个微服务，它们分别是服务注册中心 Eureka Server、公共资源服务 common、用户服务 user、商品服务 goods、订单服务 order、网关与监控服务 zuul。

15.2.2　数据库设计

因为只实现基础的功能，所以表的数量不多，主要设计一个 MySQL 数据库 mall，核心的表包括用户表 mall_user、商品表 mall_goods 和商品参数表 mall_goods_attribute、分类表 mall_category、购物车表 mall_cart、订单表 mall_order 和订单详情表 mall_order_goods，如图 15-9～图 15-15 所示。

名	类型	长度	小数点	不是 null	虚拟	键	注释
id	int	11		☑	☐	🔑1	
username	varchar	63		☑	☐		用户名称
password	varchar	63		☑	☐		用户密码
gender	tinyint	3		☑	☐		性别：0 代表未知，1代表男，2代表女
birthday	date			☐	☐		生日
last_login_time	datetime			☐	☐		最近一次登录时间
last_login_ip	varchar	63		☑	☐		最近一次登录IP地址
user_level	tinyint	3		☐	☐		0 代表普通用户，1代表VIP用户，2代表高级VIP用户
nickname	varchar	63		☑	☐		用户昵称或网络名称
mobile	varchar	20		☑	☐		用户手机号码
avatar	varchar	255		☑	☐		用户头像图片
weixin_openid	varchar	63		☑	☐		微信登录openid
session_key	varchar	100		☑	☐		微信登录会话KEY
status	tinyint	3		☑	☐		0 代表可用，1代表禁用，2代表注销
add_time	datetime			☐	☐		创建时间
update_time	datetime			☐	☐		更新时间
deleted	tinyint	1		☐	☐		逻辑删除

图 15-9　用户表 mall_user

名	类型	长度	小数点	不是 null	虚拟	键	注释
id	int	11		☑	☐	🔑1	
goods_sn	varchar	63		☑	☐		商品编号
name	varchar	127		☑	☐		商品名称
category_id	int	11		☐	☐		商品所属类目ID
brand_id	int	11		☐	☐		
gallery	varchar	1023		☐	☐		商品宣传图片列表，采用JSON数组格式
keywords	varchar	255		☐	☐		商品关键字，采用逗号间隔
brief	varchar	255		☐	☐		商品简介
is_on_sale	tinyint	1		☐	☐		是否上架
sort_order	smallint	4		☐	☐		
pic_url	varchar	255		☐	☐		商品页面商品图片
share_url	varchar	255		☐	☐		商品分享海报
is_new	tinyint	1		☐	☐		是否新品首发，如果设置则可以在新品首发页面展示
is_hot	tinyint	1		☐	☐		是否人气推荐，如果设置则可以在人气推荐页面展示
unit	varchar	31		☐	☐		商品单位，例如件、盒
counter_price	decimal	10	2	☐	☐		专柜价格
retail_price	decimal	10	2	☐	☐		零售价格
detail	text			☐	☐		商品详细介绍，是富文本格式
add_time	datetime			☐	☐		创建时间
update_time	datetime			☐	☐		更新时间
deleted	tinyint	1		☐	☐		逻辑删除

图 15-10　商品表 mall_goods

名	类型	长度	小数点	不是 null	虚拟	键	注释
id	int	11	0	☑	☐	🔑1	
goods_id	int	11	0	☑	☐		商品表的商品ID
attribute	varchar	255	0	☑	☐		商品参数名称
value	varchar	255	0	☑	☐		商品参数值
add_time	datetime	0	0	☐	☐		创建时间
update_time	datetime	0	0	☐	☐		更新时间
deleted	tinyint	1	0	☐	☐		逻辑删除

图 15-11　商品参数表 mall_goods_attribute

字段 | 索引 | 外键 | 触发器 | 选项 | 注释 | SQL 预览

名	类型	长度	小数点	不是 null	虚拟	键	注释
id	int	11	0	✓		🔑1	
name	varchar	63	0	✓			类目名称
keywords	varchar	1023	0	✓			类目关键字，采用JSON数组格式
desc	varchar	255	0				类目广告语介绍
pid	int	11	0	✓			父类目ID
icon_url	varchar	255	0				类目图标
pic_url	varchar	255	0				类目图片
level	varchar	255	0				
sort_order	tinyint	3	0				排序
add_time	datetime	0	0				创建时间
update_time	datetime	0	0				更新时间
deleted	tinyint	1	0				逻辑删除

图 15-12　分类表 mall_category

字段 | 索引 | 外键 | 触发器 | 选项 | 注释 | SQL 预览

名	类型	长度	小数点	不是 null	虚拟	键	注释
id	int	11	0	✓		🔑1	
user_id	int	11	0				用户表的用户ID
goods_id	int	11	0				商品表的商品ID
goods_sn	varchar	63	0				商品编号
goods_name	varchar	127	0				商品名称
product_id	int	11	0				商品货品表的货品ID
price	decimal	10	2				商品货品的价格
number	smallint	5	0				商品货品的数量
specifications	varchar	1023	0				商品规格值列表，采用JSON数组格式
checked	tinyint	1	0				购物车中商品是否为选择状态
pic_url	varchar	255	0				商品图片或者商品货品图片
add_time	datetime	0	0				创建时间
update_time	datetime	0	0				更新时间
deleted	tinyint	1	0				逻辑删除

图 15-13　购物车表 mall_cart

字段 | 索引 | 外键 | 触发器 | 选项 | 注释 | SQL 预览

名	类型	长度	小数点	不是 null	虚拟	键	注释
id	int	11	0	✓		🔑1	
user_id	int	11	0	✓			用户表的用户ID
order_sn	varchar	63	0	✓			订单编号
order_status	smallint	6	0	✓			订单状态
aftersale_status	smallint	6	0				售后状态，0是可申请，1是用户已申请，2是管理员审核
consignee	varchar	63	0	✓			收货人名称
mobile	varchar	63	0	✓			收货人手机号
address	varchar	127	0	✓			收货人具体地址
message	varchar	512	0	✓			用户订单留言
goods_price	decimal	10	2	✓			商品总费用
freight_price	decimal	10	2	✓			配送费用
coupon_price	decimal	10	2	✓			优惠券减免
integral_price	decimal	10	2	✓			用户积分减免
groupon_price	decimal	10	2	✓			团购优惠价减免
order_price	decimal	10	2	✓			订单费用，order_price = goods_price + freight_price - coupon_
actual_price	decimal	10	2	✓			实付费用。actual_price = order_price - integral_price
pay_id	varchar	63	0				微信付款编号
pay_time	datetime	0	0				微信付款时间
ship_sn	varchar	63	0				发货编号
ship_channel	varchar	63	0				发货快递公司
ship_time	datetime	0	0				发货开始时间
refund_amount	decimal	10	2				实际退款金额，（有可能退款金额小于实际支付金额）
refund_type	varchar	63	0				退款方式
refund_content	varchar	127	0				退款备注
refund_time	datetime	0	0				退款时间
confirm_time	datetime	0	0				用户确认收货时间
comments	smallint	6	0				待评价订单商品数量
end_time	datetime	0	0				订单关闭时间
add_time	datetime	0	0				创建时间
update_time	datetime	0	0				更新时间
deleted	tinyint	1	0				逻辑删除

图 15-14　订单表 mall_order

字段	索引	外键	触发器	选项	注释	SQL 预览				

名	类型	长度	小数点	不是 null	虚拟	键	注释
▶ id	int	11		☑	☐	🔑1	
order_id	int	11		☑	☐		订单表的订单ID
goods_id	int	11		☑	☐		商品表的商品ID
goods_name	varchar	127		☑	☐		商品名称
goods_sn	varchar	63		☑	☐		商品编号
product_id	int	11		☑	☐		商品货品表的货品ID
number	smallint	5		☑	☐		商品货品的购买数量
price	decimal	10	2	☑	☐		商品货品的售价
specifications	varchar	1023		☑	☐		商品规格值列表，采用JSON数组格式
pic_url	varchar	255		☑	☐		商品货品图片或者商品图片
comment	int	11		☐	☐		订单商品评论，如果是-1，则超期不能评价；如果是0，
add_time	datetime			☐	☐		创建时间
update_time	datetime			☐	☐		更新时间
deleted	tinyint	1		☐	☐		逻辑删除

图 15-15　订单详情表 mall_order_goods

15.3　项目准备

微课 15-3

15.3.1　开发工具

项目开发工具如下。

（1）项目开发工具：IntelliJ IDEA。

（2）项目管理工具：Maven。

（3）数据库管理工具：Navicat。

（4）前端部署工具：Nginx。

15.3.2　开发环境

项目开发环境如下。

（1）操作系统：Windows。

（2）Java 开发包：JDK 8。

（3）Spring Cloud 版本：Hoxton.SR9。

（4）Spring Boot 版本：2.2.11。

（5）数据库：MySQL。

15.3.3　前端环境

前端页面是使用 Vue.js 框架编写的。将本书附带的前端代码文件 mall 解压到 nginx 的 html 目录下，如图 15-16 所示。启动 Nginx 就可以在浏览器中访问前端页面，如图 15-17 所示。

图 15-16　mall 前端部署

图 15-17　在浏览器中访问前端页面

15.3.4　微服务的拆分

根据业务功能将系统分为 6 个微服务，具体如下。

1. 服务注册中心 Eureka Server

搭建 Eureka Server 作为服务注册中心，所有的服务都将注册到 Eureka Server 中。

2. 公共资源服务 common

项目的公共模块，主要是为了方便开发以及简化代码。将其他服务需要的资源或者公共的功能放到 common 服务里，方便调用以及避免编写重复代码。

3. 用户服务 user

项目的用户模块，主要包括以用户为主的服务，例如用户的登录、用户的注册、用户的管理以及用户的其他相关信息等。

4. 商品服务 goods

项目的商品模块，主要包括以商品为主的服务，例如添加商品、删除商品、修改商品等。

5. 订单服务 order

项目的订单模块，主要包括以订单为主的服务，记录了订单所属的用户、订单中订购的商品等信息，并对这些订单进行管理。

6. 网关与监控服务 zuul

项目的网关与监控模块，主要是为了方便调用接口以及在接口调用失败时快速熔断，并对服务调用进行监控。

15.4 创建 Maven 项目与 common 模块

15.4.1　创建 Maven 项目

下面，正式开始开发项目。首先，创建一个 Maven 项目作为微服务的父工程，将其命名为 "mall"，如图 15-18 所示。

微课 15-4

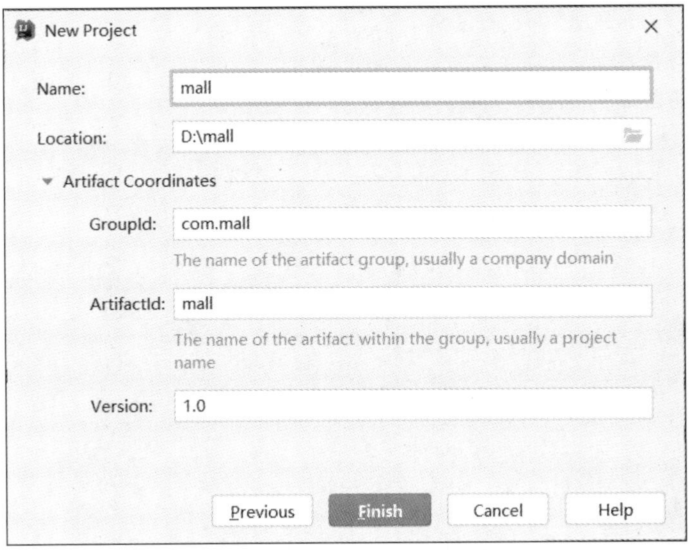

图 15-18　创建父工程 "mall"

创建好后，编辑 pom.xml 文件，如程序清单 15-1 所示。其中，<properties>标签里定义了 Java 和 Spring Cloud 的版本，方便下面的相关依赖引用。因为单个微服务是 Spring Boot，所以在<parent>父标签里写上 Spring Boot 依赖。在<modules>标签里写上将要创建的微服务模块。在 dependencies 标签里写上所有微服务要继承的依赖，即 spring-boot-starter-web 和 spring-boot-starter-test 依赖。在<dependencyManagement>标签里管理子模块的依赖的版本，注意，这里面的依赖子模块不会继承，只用于约束子模块的依赖版本。<build>标签用于编译和打包配置。Spring Boot 项目要用 Spring Boot 的 Maven 插件来编译成 jar 包。因为打包时默认会先执行测试，所以可以在<configuration>标签中写<skip>true</skip>，表示跳过此阶段，这样打包就会比较快。

程序清单 15-1

```
<project xmlns="http://maven.apache.org/POM/4.0.0"
  xmlns:xsi="http://www.w3.org/2001/XMLSchema-instance"
        xsi:schemaLocation="http://maven.apache.org/POM/4.0.0
http://maven.apache.org/xsd/maven-4.0.0.xsd">
    <modelVersion>4.0.0</modelVersion>
    <groupId>com.mall</groupId>
    <artifactId>mall</artifactId>
    <version>1.0</version>
    <packaging>pom</packaging>
    <properties>
        <java.version>1.8</java.version>
        <spring-cloud.version>Hoxton.SR9</spring-cloud.version>
    </properties>
    <parent>
        <groupId>org.springframework.boot</groupId>
```

```xml
            <artifactId>spring-boot-starter-parent</artifactId>
            <version>2.3.7.RELEASE</version>
            <relativePath/>
        </parent>
        <modules>
            <module>eureka</module>
            <module>goods</module>
            <module>order</module>
            <module>user</module>
            <module>common</module>
            <module>zuul</module>
        </modules>
        <dependencies>
            <dependency>
                <groupId>org.springframework.boot</groupId>
                <artifactId>spring-boot-starter-web</artifactId>
            </dependency>
            <dependency>
                <groupId>org.springframework.boot</groupId>
                <artifactId>spring-boot-starter-test</artifactId>
                <scope>test</scope>
            </dependency>
        </dependencies>
        <dependencyManagement>
            <dependencies>
                <dependency>
                    <groupId>org.springframework.cloud</groupId>
                    <artifactId>spring-cloud-dependencies</artifactId>
                    <version>${spring-cloud.version}</version>
                    <type>pom</type>
                    <scope>import</scope>
                </dependency>
                <!--Spring Boot MyBatis 依赖-->
                <dependency>
                    <groupId>org.mybatis.spring.boot</groupId>
                    <artifactId>mybatis-spring-boot-starter</artifactId>
                    <version>1.3.2</version>
                </dependency>
                <!--Spring Boot PageHelper 依赖-->
                <dependency>
                    <groupId>com.github.pagehelper</groupId>
```

```
            <artifactId>pagehelper-spring-boot-starter</artifactId>
            <version>1.2.5</version>
        </dependency>
        <!--MySQL 连接驱动依赖-->
        <dependency>
            <groupId>mysql</groupId>
            <artifactId>mysql-connector-java</artifactId>
            <version>8.0.16</version>
        </dependency>
        <dependency>
            <groupId>com.alibaba</groupId>
            <artifactId>druid-spring-boot-starter</artifactId>
            <version>1.1.10</version>
        </dependency>
        <dependency>
            <groupId>com.mall.common</groupId>
            <artifactId>common</artifactId>
            <version>1.0</version>
        </dependency>
    </dependencies>
</dependencyManagement>
<build>
    <defaultGoal>compile</defaultGoal>
    <plugins>
        <plugin>
            <groupId>org.springframework.boot</groupId>
            <artifactId>spring-boot-maven-plugin</artifactId>
        </plugin>
        <plugin>
            <groupId>org.apache.maven.plugins</groupId>
            <artifactId>maven-surefire-plugin</artifactId>
            <configuration>
                <skip>true</skip>
            </configuration>
        </plugin>
    </plugins>
</build>
</project>
```

15.4.2 创建 common 模块

很多情况下，各个微服务会用到同样的代码，如果把这些公用的代码抽离出来单独做成一个模块供其他模块调用，就能减少整个工程代码的冗余性，增强结构层次。经过分析可知，工具类和某些自定义注解是公用的，还包括对象存储，因此把这些部分单独写在 common 模块里。在父工程的名字上右击，选择 "New" → "Module"，创建模块 common。编辑 pom.xml 文件，如程序清单 15-2 所示。

值得注意的是，jar 包有可执行和不可执行之分。当一个 Spring Boot 项目作为其他项目的依赖时，只能是不可执行的 jar 包。因此，common 模块需要配置打包方式，在<build>标签中的 Maven 插件中指明要单独压缩可执行 jar 包，这样当它作为依赖压缩进其他模块的 jar 包时便是不可执行的。

程序清单 15-2

```xml
<?xml version="1.0" encoding="UTF-8"?>
<project xmlns="http://maven.apache.org/POM/4.0.0"
xmlns:xsi="http://www.w3.org/2001/XMLSchema-instance"
        xsi:schemaLocation="http://maven.apache.org/POM/4.0.0
https://maven.apache.org/xsd/maven-4.0.0.xsd">
    <modelVersion>4.0.0</modelVersion>
    <parent>
        <groupId>com.mall</groupId>
        <artifactId>mall</artifactId>
        <version>1.0</version>
    </parent>
    <groupId>com.mall.common</groupId>
    <artifactId>common</artifactId>
    <version>1.0</version>
    <name>common</name>
    <dependencies>
        <dependency>
            <groupId>org.springframework.cloud</groupId>
            <artifactId>spring-cloud-starter-netflix-eureka-client</artifactId>
        </dependency>
        <!--Spring Boot MyBatis 依赖-->
        <dependency>
            <groupId>org.mybatis.spring.boot</groupId>
            <artifactId>mybatis-spring-boot-starter</artifactId>
        </dependency>
        <!--Spring Boot PageHelper 依赖-->
        <dependency>
            <groupId>com.github.pagehelper</groupId>
            <artifactId>pagehelper-spring-boot-starter</artifactId>
        </dependency>
```

```xml
    <!--MySQL 连接驱动依赖-->
    <dependency>
        <groupId>mysql</groupId>
        <artifactId>mysql-connector-java</artifactId>
    </dependency>
    <dependency>
        <groupId>com.alibaba</groupId>
        <artifactId>druid-spring-boot-starter</artifactId>
    </dependency>
    <dependency>
        <groupId>com.auth0</groupId>
        <artifactId>java-jwt</artifactId>
        <version>3.4.1</version>
    </dependency>
</dependencies>
<build>
    <plugins>
        <plugin>
            <groupId>org.springframework.boot</groupId>
            <artifactId>spring-boot-maven-plugin</artifactId>
            <configuration>
                <classifier>exec</classifier>
            </configuration>
        </plugin>
    </plugins>
</build>
</project>
```

把 application.properties 文件的扩展名改为.yml，添加程序清单 15-3 所示的配置。其中，datasource 用于配置数据源，这里用的是市面上广泛使用的阿里巴巴的开源数据库连接池组件 Druid；pagehelper 用于配置分页；mybatis.mapper-locations 用于配置 xml 文件的存放位置；mall.storage 中配置的是本地对象存储的路径和 URL。

程序清单 15-3

```yaml
server:
  port: 7004
spring:
  application:
    name: common
  datasource:
    druid:
      url: jdbc:mysql://localhost:3306/mall?useUnicode=
```

```
true&characterEncoding=UTF-8&serverTimezone=
    Asia/Shanghai&allowPublicKeyRetrieval=true&verifyServerCertificate=false&
useSSL=false
        driver-class-name: com.mysql.cj.jdbc.Driver
        username: mall
        password: mall
        initial-size: 10
        max-active: 50
        min-idle: 10
        max-wait: 60000
        pool-prepared-statements: true
        max-pool-prepared-statement-per-connection-size: 20
        validation-query: SELECT 1 FROM DUAL
        test-on-borrow: false
        test-on-return: false
        test-while-idle: true
        time-between-eviction-runs-millis: 60000
        filters: stat,wall
  eureka:
    client:
      service-url:
        defaultZone: http://localhost:7000/eureka/
  pagehelper:
    helperDialect: mysql
    reasonable: true
    supportMethodsArguments: true
    params: count=countSql
  mybatis:
    mapper-locations: classpath:mapper/*.xml
  mall:
    storage:
      active: local
      local:
        storagePath: storage
        address: common/storage/fetch/
```

由于篇幅有限，这里直接展示已经配置完成的 common 模块目录，如图 15-19 所示。此处主要讲解一下每个类的作用，如有兴趣可以查看提供的项目源码。LoginUser 是自定义的一个注解，用在 Controller 中的方法参数上，用于获取登录用户的 ID。LoginUserHandlerMethodArgumentResolver 是 LoginUser 注解的解析器，用于实现这个注解的功能。StorageController 是本地对象存储的控制层，用于处理资源的上传、获取和下载，本项目中存储的都是图片资源。MallStorage 是 mall_storage 表的实体类。MallStorageExample 是帮助 MallStorage 构造 SQL 语句的工具类。

MallStorageMapper 是本地对象存储的数据层的接口，供服务层调用。MallStorageService 是本地对象存储的服务层的接口，供控制层的类调用。storage 包中存放的是用于配置本地对象存储的类，这里不详讲。util 包中存放的是工具类。其中 CharUtil 用于获取随机字符串。JacksonUtil 和 JsonStringArrayTypeHandler 用于 JSON 解析。JwtHelper 和 UserTokenManager 用于 token 的创建和验证，以及通过 token 获取用户 ID。ObjectUtil 用于同时判断多个对象是否为 null。RegexUtil 定义了常用的正则表达式。ResponseCode 定义了业务处理的状态码。ResponseUtil 是控制层返回值的数据包装类，十分常用。CommonApplication 是启动类。resources 下的 mapper 中存放的是数据层执行 SQL 语句的 XML 文件。

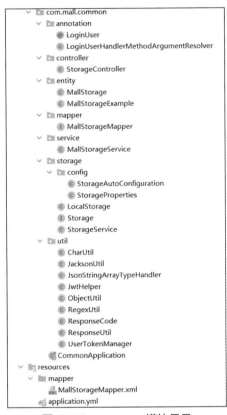

图 15-19　common 模块目录

15.5　创建注册中心模块

父工程和 common 模块创建好后，创建名为 "eureka" 的模块。编辑 pom.xml，如程序清单 15-4 所示。

微课 15-5

程序清单 15-4

```xml
<?xml version="1.0" encoding="UTF-8"?>
<project xmlns="http://maven.apache.org/POM/4.0.0"
xmlns:xsi="http://www.w3.org/2001/XMLSchema-instance"
         xsi:schemaLocation="http://maven.apache.org/POM/4.0.0
```

```
https://maven.apache.org/xsd/maven-4.0.0.xsd">
    <modelVersion>4.0.0</modelVersion>
    <parent>
        <groupId>com.mall</groupId>
        <artifactId>mall</artifactId>
        <version>1.0</version>
    </parent>
    <groupId>com.mall.eureka</groupId>
    <artifactId>eureka</artifactId>
    <version>1.0</version>
    <name>eureka</name>
    <dependencies>
        <dependency>
            <groupId>org.springframework.cloud</groupId>
            <artifactId>spring-cloud-starter-netflix-eureka-server
</artifactId>
        </dependency>
    </dependencies>
</project>
```

把 application.properties 文件的扩展名改为.yml，然后添加程序清单 15-5 所示的配置。这里不做过多解释，详细讲解可以参见 9.2 节。

程序清单 15-5

```
server:
  port: 7000
spring:
  application:
    name: eureka
eureka:
  client:
    register-with-eureka: false
    fetch-registry: false
    service-url:
      defaultZone: http://localhost:${server.port}/eureka/
  server:
    enable-self-preservation: false
```

15.6 创建各个业务微服务模块

15.6.1 创建用户模块

eureka 模块创建好后，开始创建 3 个业务微服务模块。首先，创建用户模块 user，创建好后编辑 pom.xml，如程序清单 15-6 所示。

微课 15-6-1

程序清单 15-6

```xml
<?xml version="1.0" encoding="UTF-8"?>
<project xmlns="http://maven.apache.org/POM/4.0.0"
xmlns:xsi="http://www.w3.org/2001/XMLSchema-instance"
        xsi:schemaLocation="http://maven.apache.org/POM/4.0.0
https://maven.apache.org/xsd/maven-4.0.0.xsd">
    <modelVersion>4.0.0</modelVersion>
    <parent>
        <groupId>com.mall</groupId>
        <artifactId>mall</artifactId>
        <version>1.0</version>
    </parent>
    <groupId>com.mall.user</groupId>
    <artifactId>user</artifactId>
    <version>1.0</version>
    <name>user</name>
    <dependencies>
        <dependency>
            <groupId>org.springframework.cloud</groupId>
            <artifactId>spring-cloud-starter-netflix-eureka-client
</artifactId>
        </dependency>
        <!--Spring Boot MyBatis 依赖-->
        <dependency>
            <groupId>org.mybatis.spring.boot</groupId>
            <artifactId>mybatis-spring-boot-starter</artifactId>
        </dependency>
        <!--Spring Boot PageHelper 依赖-->
        <dependency>
            <groupId>com.github.pagehelper</groupId>
            <artifactId>pagehelper-spring-boot-starter</artifactId>
        </dependency>
        <!--MySQL 连接驱动依赖-->
        <dependency>
            <groupId>mysql</groupId>
            <artifactId>mysql-connector-java</artifactId>
        </dependency>
        <dependency>
            <groupId>com.alibaba</groupId>
            <artifactId>druid-spring-boot-starter</artifactId>
        </dependency>
```

```
        <dependency>
            <groupId>com.mall.common</groupId>
            <artifactId>common</artifactId>
        </dependency>
    </dependencies>
</project>
```

其次，把 application.properties 文件的扩展名改为.yml，添加程序清单 15-7 所示的配置。这里不赘述，因为和 common 模块的配置基本一样。

程序清单 15-7

```
server:
  port: 7003
spring:
  application:
    name: user
  datasource:
    druid:
      url: jdbc:mysql://localhost:3306/mall?useUnicode=
true&characterEncoding=UTF-8&serverTimezone=
    Asia/Shanghai&allowPublicKeyRetrieval=true&verifyServerCertificate=false&
useSSL=false
      driver-class-name: com.mysql.cj.jdbc.Driver
      username: mall
      password: mall
      initial-size: 10
      max-active: 50
      min-idle: 10
      max-wait: 60000
      pool-prepared-statements: true
      max-pool-prepared-statement-per-connection-size: 20
      validation-query: SELECT 1 FROM DUAL
      test-on-borrow: false
      test-on-return: false
      test-while-idle: true
      time-between-eviction-runs-millis: 60000
      filters: stat,wall
eureka:
  client:
    service-url:
      defaultZone: http://localhost:7000/eureka/
pagehelper:
  helperDialect: mysql
```

```
    reasonable: true
    supportMethodsArguments: true
    params: count=countSql
mybatis:
    mapper-locations: classpath:mapper/*.xml
```

最后，直接展示已经配置完成的 user 模块目录，如图 15-20 所示。其中，WebConfig 类实现 WebMvcConfigurer 接口，用于把 common 模块中的 LoginUserHandlerMethodArgumentResolver 配置到 HandlerMethodArgumentResolver 中，这样自定义的 LoginUser 注解才能起作用。AddressController 是用户收货地址的控制层，用于处理用户对收货地址的增删改查。AuthController 是用户的控制层，用于处理用户的注册、登录，以及用户信息的查询和修改。entity 包中存放的是用户相关的实体类，这里不赘述。和 common 模块一样，mapper 和 service 分别存放的是数据层和服务层的接口，供控制层的类调用，这里不再赘述。

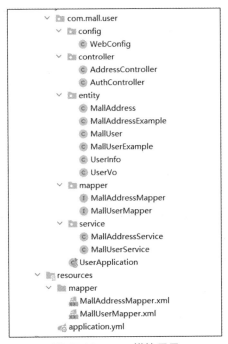

图 15-20　user 模块目录

下面举例讲解 user 模块中登录、注册的实现过程。查看 AuthController 中的相应代码，如程序清单 15-8 所示。首先，在登录的方法中，通过 body 参数接收用户传入的用户名和密码，先校验它们是否为空，为空则返回参数错误的提示。其次，调用 userService 的 queryByUsername 方法查询是否含有此用户名的账号，没有或者有多个则返回错误提示。最后，通过 BCrypt Password Encoder 编码密码后判断其是否和数据库查询到的账号的密码匹配，不匹配则返回密码错误提示；如果匹配则生成 token 返回给用户，下次用户发送请求则可以带上 token 表明自己已经登录。

查看注册的代码。首先，还是通过 body 参数统一接收用户传入的用户名、密码、手机号和短信验证码信息。其次，判断它们是否为空，只要有一个为空就返回参数错误的提示。然后，同样调用 userService 的 queryByUsername 方法查询是否有用户名相同的账号，如果有则返回"用户名已注册"。另外，判断是否存在相同的手机号，以及校验手机号的格式。判断短信验证码是否正确，这里设置固定的，因为短信验证码功能真正要实现的话需要租用并调用云服务商提供的接口，有兴趣的读者可以自行研究。最后，如果前面的校验都通过了，就可以使用 userService 的 add 方法添加此账号，并返回 token 信息。

程序清单 15-8

```java
@PostMapping("login")
public Object login(@RequestBody String body, HttpServletRequest request) {
    String username = JacksonUtil.parseString(body, "username");
    String password = JacksonUtil.parseString(body, "password");
    if (username == null || password == null) {
        return ResponseUtil.badArgument();
    }

    List<MallUser> userList = userService.queryByUsername(username);
    MallUser user = null;
    if (userList.size() > 1) {
        return ResponseUtil.serious();
    } else if (userList.size() == 0) {
        return ResponseUtil.fail(AUTH_INVALID_ACCOUNT, "账号不存在");
    } else {
        user = userList.get(0);
    }

    BCryptPasswordEncoder encoder = new BCryptPasswordEncoder();
    if (!encoder.matches(password, user.getPassword())) {
        return ResponseUtil.fail(AUTH_INVALID_ACCOUNT, "账号密码不对");
    }

    // userInfo
    UserInfo userInfo = new UserInfo();
    userInfo.setNickName(username);
    userInfo.setAvatarUrl(user.getAvatar());

    // token
    String token = UserTokenManager.generateToken(user.getId());

    Map<Object, Object> result = new HashMap<Object, Object>();
    result.put("token", token);
    result.put("userInfo", userInfo);
    return ResponseUtil.ok(result);
}
```

```java
@PostMapping("register")
public Object register(@RequestBody String body, HttpServletRequest request) {
    String username = JacksonUtil.parseString(body, "username");
    String password = JacksonUtil.parseString(body, "password");
    String mobile = JacksonUtil.parseString(body, "mobile");
    String code = JacksonUtil.parseString(body, "code");

    if (StringUtils.isEmpty(username) || StringUtils.isEmpty(password) ||
StringUtils.isEmpty(mobile)
            || StringUtils.isEmpty(code)) {
        return ResponseUtil.badArgument();
    }

    List<MallUser> userList = userService.queryByUsername(username);
    if (userList.size() > 0) {
        return ResponseUtil.fail(AUTH_NAME_REGISTERED, "用户名已注册");
    }

    userList = userService.queryByMobile(mobile);
    if (userList.size() > 0) {
        return ResponseUtil.fail(AUTH_MOBILE_REGISTERED, "手机号已注册");
    }
    if (!RegexUtil.isMobileSimple(mobile)) {
        return ResponseUtil.fail(AUTH_INVALID_MOBILE, "手机号格式不正确");
    }
    //判断验证码是否正确
    //String cacheCode = CaptchaCodeManager.getCachedCaptcha(mobile);
    String cacheCode = "1234";
    if (cacheCode == null || cacheCode.isEmpty() || !cacheCode.equals(code)) {
        return ResponseUtil.fail(AUTH_CAPTCHA_UNMATCH, "验证码错误");
    }

    MallUser user = null;
    BCryptPasswordEncoder encoder = new BCryptPasswordEncoder();
    String encodedPassword = encoder.encode(password);
    user = new MallUser();
    user.setUsername(username);
    user.setPassword(encodedPassword);
    user.setMobile(mobile)
    user.setNickname(username);
    user.setGender((byte) 0);
```

```
    user.setUserLevel((byte) 0);
    user.setStatus((byte) 0);
    user.setLastLoginTime(LocalDateTime.now());
    userService.add(user);

    // userInfo
    UserInfo userInfo = new UserInfo();
    userInfo.setNickName(username);
    userInfo.setAvatarUrl(user.getAvatar());

    // token
    String token = UserTokenManager.generateToken(user.getId());

    Map<Object, Object> result = new HashMap<Object, Object>();
    result.put("token", token);
    result.put("userInfo", userInfo);
    return ResponseUtil.ok(result);
}
```

15.6.2 创建商品模块

用户模块创建好后，创建商品模块 goods，编辑 pom.xml，如程序清单 15-9 所示。

微课 15-6-2

程序清单 15-9

```xml
<?xml version="1.0" encoding="UTF-8"?>
<project xmlns="http://maven.apache.org/POM/4.0.0"
xmlns:xsi="http://www.w3.org/2001/XMLSchema-instance"
        xsi:schemaLocation="http://maven.apache.org/POM/4.0.0
https://maven.apache.org/xsd/maven-4.0.0.xsd">
    <modelVersion>4.0.0</modelVersion>
    <parent>
        <groupId>com.mall</groupId>
        <artifactId>mall</artifactId>
        <version>1.0</version>
    </parent>
    <groupId>com.mall.goods</groupId>
    <artifactId>goods</artifactId>
    <version>1.0</version>
    <name>goods</name>
    <dependencies>
        <dependency>
            <groupId>org.springframework.cloud</groupId>
            <artifactId>spring-cloud-starter-netflix-eureka-client
```

```
</artifactId>
        </dependency>
        <!--Spring Boot MyBatis 依赖-->
        <dependency>
            <groupId>org.mybatis.spring.boot</groupId>
            <artifactId>mybatis-spring-boot-starter</artifactId>
        </dependency>
        <!--Spring Boot PageHelper 依赖-->
        <dependency>
            <groupId>com.github.pagehelper</groupId>
            <artifactId>pagehelper-spring-boot-starter</artifactId>
        </dependency>
        <!--MySQL 连接驱动依赖-->
        <dependency>
            <groupId>mysql</groupId>
            <artifactId>mysql-connector-java</artifactId>
        </dependency>
        <dependency>
            <groupId>com.alibaba</groupId>
            <artifactId>druid-spring-boot-starter</artifactId>
        </dependency>
        <dependency>
            <groupId>com.mall.common</groupId>
            <artifactId>common</artifactId>
        </dependency>
    </dependencies>
</project>
```

把 application.properties 文件的扩展名改为.yml，然后添加程序清单 15-10 所示的配置。这里不再赘述，因为和 common 模块的配置基本一样。

程序清单 15-10

```
server:
  port: 7001
spring:
  application:
    name: goods
  datasource:
    druid:
      url: jdbc:mysql://localhost:3306/mall?useUnicode=
true&characterEncoding=UTF-8&serverTimezone=
  Asia/Shanghai&allowPublicKeyRetrieval=true&verifyServerCertificate=false&
```

```
useSSL=false
        driver-class-name: com.mysql.cj.jdbc.Driver
        username: mall
        password: mall
        initial-size: 10
        max-active: 50
        min-idle: 10
        max-wait: 60000
        pool-prepared-statements: true
        max-pool-prepared-statement-per-connection-size: 20
        validation-query: SELECT 1 FROM DUAL
        test-on-borrow: false
        test-on-return: false
        test-while-idle: true
        time-between-eviction-runs-millis: 60000
        filters: stat,wall
  eureka:
    client:
      service-url:
        defaultZone: http://localhost:7000/eureka/
  pagehelper:
    helperDialect: mysql
    reasonable: true
    supportMethodsArguments: true
    params: count=countSql
  mybatis:
    mapper-locations: classpath:mapper/*.xml
```

同样地，直接展示已经配置完成的 goods 模块目录，如图 15-21 所示。WebConfig 类和 user 模块中的一样，这里不再赘述。CartController 是商品购物车的控制层，用于处理用户添加商品至购物车、统计、移除商品等操作。CatalogController 是商品分类目录的控制层，用于处理商品的分类展示。GoodsController 是商品的控制层，用于处理用户查看商品详情和查询包含关键词的商品列表等操作。下面的 entity、mapper 和 service 包相信读者都了解它们的作用了，这里不再赘述。

查看 GoodsController 中的方法，如程序清单 15-11 所示。detail 方法用于查询商品详情，根据商品 ID 依次查询商品的信息、属性、规格以及对应的数量和价格。FutureTask 用于开启多线程任务，这样查询更快。最后把查询的结果封装成 Map 对象返回。category 方法用于查询某一商品分类的父子级。list 方法根据指定条件查询商品列表，例如根据分类、品牌、关键词、是否为新品、是否热卖等，最后查询出商品所属类目一起返回给前端。related 方法用于查询相关商品。count 方法用于查询在售商品总数。

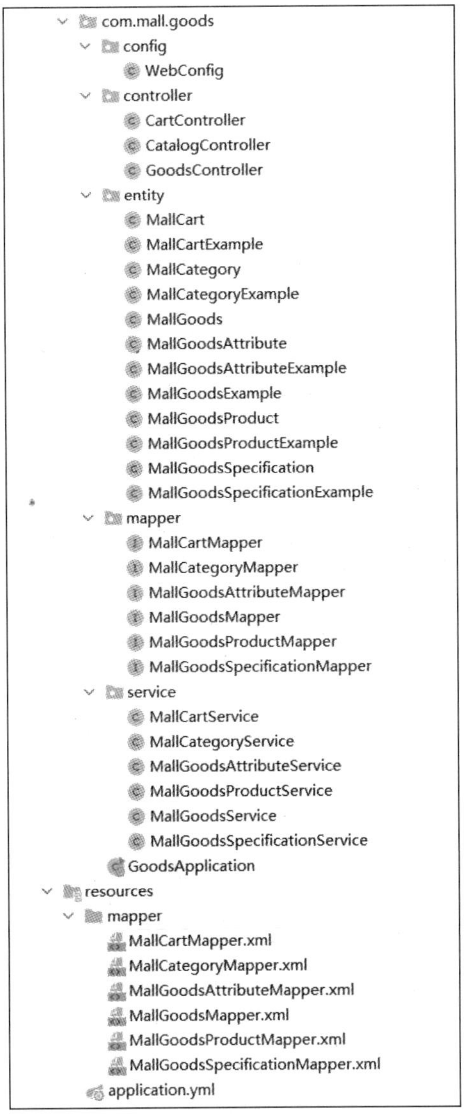

图 15-21　goods 模块目录

程序清单 15-11

```java
@GetMapping("detail")
public Object detail(@LoginUser Integer userId, @NotNull Integer id) {
    // 商品信息
    MallGoods info = goodsService.findById(id);


    // 商品属性
    Callable<List> goodsAttributeListCallable = () ->
goodsAttributeService.queryByGid(id);


    // 商品规格
    Callable<Object> objectCallable = () -> goodsSpecificationService.
```

```
getSpecificationVoList(id);

    // 商品规格对应的数量和价格
    Callable<List> productListCallable = () -> productService.queryByGid(id);

    FutureTask<List> goodsAttributeListTask = new FutureTask<>
(goodsAttributeListCallable);
    FutureTask<Object> objectCallableTask = new FutureTask<>(objectCallable);
    FutureTask<List> productListCallableTask = new FutureTask<>
(productListCallable);

    executorService.submit(goodsAttributeListTask);
    executorService.submit(objectCallableTask);
    executorService.submit(productListCallableTask);

    Map<String, Object> data = new HashMap<>();

    try {
        data.put("info", info);
        data.put("specificationList", objectCallableTask.get());
        data.put("productList", productListCallableTask.get());
        data.put("attribute", goodsAttributeListTask.get());
    }
    catch (Exception e) {
        e.printStackTrace();
    }

    //商品分享图片地址
    data.put("shareImage", info.getShareUrl());
    return ResponseUtil.ok(data);
}

@GetMapping("category")
public Object category(@NotNull Integer id) {
    MallCategory cur = categoryService.findById(id);
    MallCategory parent = null;
    List<MallCategory> children = null;

    if (cur.getPid() == 0) {
        parent = cur;
        children = categoryService.queryByPid(cur.getId());
```

```
            cur = children.size() > 0 ? children.get(0) : cur;
        } else {
            parent = categoryService.findById(cur.getPid());
            children = categoryService.queryByPid(cur.getPid());
        }
        Map<String, Object> data = new HashMap<>();
        data.put("currentCategory", cur);
        data.put("parentCategory", parent);
        data.put("brotherCategory", children);
        return ResponseUtil.ok(data);
    }


    @GetMapping("list")
    public Object list(
        Integer categoryId,
        Integer brandId,
        String keyword,
        Boolean isNew,
        Boolean isHot,
        @RequestParam(defaultValue = "1") Integer page,
        @RequestParam(defaultValue = "10") Integer limit) {

        //查询列表数据
        List<MallGoods> goodsList = goodsService.querySelective(categoryId,
brandId, keyword, isHot, isNew, page, limit, "add_time", "desc");

        // 查询商品所属类目列表
        List<Integer> goodsCatIds = goodsService.getCatIds(brandId, keyword,
isHot, isNew);
        List<MallCategory> categoryList = null;
        if (goodsCatIds.size() != 0) {
            categoryList = categoryService.queryL2ByIds(goodsCatIds);
        } else {
            categoryList = new ArrayList<>(0);
        }

        PageInfo<MallGoods> pagedList = PageInfo.of(goodsList);

        Map<String, Object> entity = new HashMap<>();
        entity.put("list", goodsList);
        entity.put("total", pagedList.getTotal());
```

```
        entity.put("page", pagedList.getPageNum());
        entity.put("limit", pagedList.getPageSize());
        entity.put("pages", pagedList.getPages());
        entity.put("filterCategoryList", categoryList);

        return ResponseUtil.ok(entity);
    }

    @GetMapping("related")
    public Object related(@NotNull Integer id) {
        MallGoods goods = goodsService.findById(id);
        if (goods == null) {
            return ResponseUtil.badArgumentValue();
        }

        // 目前的商品推荐算法仅仅是推荐同类目的其他商品
        int cid = goods.getCategoryId();

        // 查找 6 个相关商品
        int related = 6;
        List<MallGoods> goodsList = goodsService.queryByCategory(cid, 0, related);
        return ResponseUtil.okList(goodsList);
    }

    @GetMapping("count")
    public Object count() {
        Integer goodsCount = goodsService.queryOnSale();
        return ResponseUtil.ok(goodsCount);
    }
```

查看用于分类的 CatalogController 中的方法，如程序清单 15-12 所示。getFirstCategory 方法用于获取所有一级分类目录。getSecondCategory 方法用于获取所有二级分类目录。index 方法用于获取所有一级分类目录以及当前一级分类目录对应的二级分类目录。queryALL 方法用于获取所有一级分类目录以及所有子分类目录。current 方法用于获取当前分类目录以及子分类目录。

程序清单 15-12

```
@GetMapping("/getfirstcategory")
public Object getFirstCategory() {
    // 所有一级分类目录
    List<MallCategory> l1CatList = categoryService.queryL1();
    return ResponseUtil.ok(l1CatList);
```

```
    }

    @GetMapping("/getsecondcategory")
    public Object getSecondCategory(@NotNull Integer id) {
        // 所有二级分类目录
        List<MallCategory> currentSubCategory = categoryService.queryByPid(id);
        return ResponseUtil.ok(currentSubCategory);
    }

    @GetMapping("index")
    public Object index(Integer id) {

        // 所有一级分类目录
        List<MallCategory> l1CatList = categoryService.queryL1();

        // 当前一级分类目录
        MallCategory currentCategory = null;
        if (id != null) {
            currentCategory = categoryService.findById(id);
        } else {
            if (l1CatList.size() > 0) {
                currentCategory = l1CatList.get(0);
            }
        }

        // 当前一级分类目录对应的二级分类目录
        List<MallCategory> currentSubCategory = null;
        if (null != currentCategory) {
            currentSubCategory = categoryService.queryByPid(currentCategory.
getId());
        }

        Map<String, Object> data = new HashMap<String, Object>();
        data.put("categoryList", l1CatList);
        data.put("currentCategory", currentCategory);
        data.put("currentSubCategory", currentSubCategory);
        return ResponseUtil.ok(data);
    }

    @GetMapping("all")
    public Object queryAll() {
```

```
        // 所有一级分类目录
        List<MallCategory> l1CatList = categoryService.queryL1();

        //所有子分类目录
        Map<Integer, List<MallCategory>> allList = new HashMap<>();
        List<MallCategory> sub;
        for (MallCategory category : l1CatList) {
            sub = categoryService.queryByPid(category.getId());
            allList.put(category.getId(), sub);
        }

        // 当前一级分类目录
        MallCategory currentCategory = l1CatList.get(0);

        // 当前一级分类目录对应的二级分类目录
        List<MallCategory> currentSubCategory = null;
        if (null != currentCategory) {
            currentSubCategory = categoryService.queryByPid(currentCategory.
getId());
        }

        Map<String, Object> data = new HashMap<String, Object>();
        data.put("categoryList", l1CatList);
        data.put("allList", allList);
        data.put("currentCategory", currentCategory);
        data.put("currentSubCategory", currentSubCategory);

        return ResponseUtil.ok(data);
    }

    @GetMapping("current")
    public Object current(@NotNull Integer id) {
        // 当前分类目录
        MallCategory currentCategory = categoryService.findById(id);
        if(currentCategory == null){
            return ResponseUtil.badArgumentValue();
        }
        List<MallCategory> currentSubCategory = categoryService.queryByPid
(currentCategory.getId());

        Map<String, Object> data = new HashMap<String, Object>();
```

```
        data.put("currentCategory", currentCategory);
        data.put("currentSubCategory", currentSubCategory);
        return ResponseUtil.ok(data);
    }
```

　　查看实现购物车的 CartController 中的方法，如程序清单 15-13 所示。index 方法根据用户 ID 查询出此用户的购物车列表，然后循环遍历查询出每个购物车中每个商品的数量和总价，以及勾选的数量和总价，最后和总商品数一起返回给前端。add 方法用于把商品添加进购物车。首先，判断用户 ID 和购物车参数是否为空，为空则返回参数错误的提示。其次，判断商品是否为在售商品，不是则返回"商品已下架"。之后，判断购物车中是否有同等规格的商品，没有则先判断是否有库存，有则创建此商品的购物车对象，将其添加进数据库。如果购物车中已经有同等规格的商品，则先判断是否有库存，有则将购物车中同等规格商品数量和要添加的数量相加，最后此用户的购物车商品总数也相应增加。update 方法用于对购物车中商品规格或数量进行修改。首先，和上面一样进行参数校验。然后，判断要修改的规格的商品库存情况，如果库存不足则返回提示，库存充足则进行修改。checked 方法用于获取用户购物车中已经勾选的商品信息，包括数量、总价等。delete 方法用于删除用户不想保留的购物车商品。goodscount 方法用于查询用户购物车中的商品总数。

程序清单 15-13

```java
@GetMapping("index")
public Object index(@LoginUser Integer userId) {
    if (userId == null) {
        return ResponseUtil.unlogin();
    }


    List<MallCart> cartList = cartService.queryByUid(userId);


    Integer goodsCount = 0;
    BigDecimal goodsAmount = new BigDecimal(0.00);
    Integer checkedGoodsCount = 0;
    BigDecimal checkedGoodsAmount = new BigDecimal(0.00);
    for (MallCart cart : cartList) {
        goodsCount += cart.getNumber();
        goodsAmount = goodsAmount.add(cart.getPrice().multiply(new
BigDecimal(cart.getNumber())));
        if (cart.getChecked()) {
            checkedGoodsCount += cart.getNumber();
            checkedGoodsAmount = checkedGoodsAmount.add(cart.getPrice().
multiply(new BigDecimal(cart.getNumber())));
        }
    }
    Map<String, Object> cartTotal = new HashMap<>();
```

```java
        cartTotal.put("goodsCount", goodsCount);
        cartTotal.put("goodsAmount", goodsAmount);
        cartTotal.put("checkedGoodsCount", checkedGoodsCount);
        cartTotal.put("checkedGoodsAmount", checkedGoodsAmount);

        Map<String, Object> result = new HashMap<>();
        result.put("cartList", cartList);
        result.put("cartTotal", cartTotal);

        return ResponseUtil.ok(result);
    }


@PostMapping("add")
public Object add(@LoginUser Integer userId, @RequestBody MallCart cart) {
        if (userId == null) {
            return ResponseUtil.unlogin();
        }
        if (cart == null) {
            return ResponseUtil.badArgument();
        }

        Integer productId = cart.getProductId();
        Integer number = cart.getNumber().intValue();
        Integer goodsId = cart.getGoodsId();
        if (!ObjectUtil.allNotNull(productId, number, goodsId)) {
            return ResponseUtil.badArgument();
        }
        if(number <= 0){
            return ResponseUtil.badArgument();
        }

        //判断商品是否可以购买
        MallGoods goods = goodsService.findById(goodsId);
        if (goods == null || !goods.getIsOnSale()) {
            return ResponseUtil.fail(GOODS_UNSHELVE, "商品已下架");
        }

        MallGoodsProduct product = productService.findById(productId);
        //判断购物车中是否存在此规格的商品
        MallCart existCart = cartService.queryExist(goodsId, productId, userId);
        if (existCart == null) {
```

```
        //取得规格的信息，判断此规格商品库存
        if (product == null || number > product.getNumber()) {
            return ResponseUtil.fail(GOODS_NO_STOCK, "库存不足");
        }


        cart.setId(null);
        cart.setGoodsSn(goods.getGoodsSn());
        cart.setGoodsName((goods.getName()));
        if(StringUtils.isEmpty(product.getUrl())){
            cart.setPicUrl(goods.getPicUrl());
        }
        else{
            cart.setPicUrl(product.getUrl());
        }
        cart.setPrice(product.getPrice());
        cart.setSpecifications(product.getSpecifications());
        cart.setUserId(userId);
        cart.setChecked(true);
        cartService.add(cart);
    } else {
        //取得规格的信息，判断此规格商品库存
        int num = existCart.getNumber() + number;
        if (num > product.getNumber()) {
            return ResponseUtil.fail(GOODS_NO_STOCK, "库存不足");
        }
        existCart.setNumber((short) num);
        if (cartService.updateById(existCart) == 0) {
            return ResponseUtil.updatedDataFailed();
        }
    }


    return goodscount(userId);
}


@PostMapping("update")
public Object update(@LoginUser Integer userId, @RequestBody MallCart cart) {
    if (userId == null) {
        return ResponseUtil.unlogin();
    }
    Integer productId = cart.getProductId();
    Integer number = cart.getNumber().intValue();
```

```
        Integer goodsId = cart.getGoodsId();
        Integer id = cart.getId();
        if (!ObjectUtil.allNotNull(id, productId, number, goodsId)) {
            return ResponseUtil.badArgument();
        }
        if(number <= 0){
            return ResponseUtil.badArgument();
        }

        MallCart existCart = cartService.findById(userId, id);
        if (existCart == null) {
            return ResponseUtil.badArgumentValue();
        }

        // 判断 goodsId 和 productId 是否与当前 cart 里的值一致
        if (!existCart.getGoodsId().equals(goodsId)) {
            return ResponseUtil.badArgumentValue();
        }
        if (!existCart.getProductId().equals(productId)) {
            return ResponseUtil.badArgumentValue();
        }

        //取得规格的信息，判断此规格商品库存
        MallGoodsProduct product = productService.findById(productId);
        if (product == null || product.getNumber() < number) {
            return ResponseUtil.fail(GOODS_UNSHELVE, "库存不足");
        }

        existCart.setNumber(number.shortValue());
        if (cartService.updateById(existCart) == 0) {
            return ResponseUtil.updatedDataFailed();
        }
        return ResponseUtil.ok();
    }

@PostMapping("checked")
public Object checked(@LoginUser Integer userId, @RequestBody String body) {
    if (userId == null) {
        return ResponseUtil.unlogin();
    }
    if (body == null) {
```

```
            return ResponseUtil.badArgument();
    }


    List<Integer> productIds = JacksonUtil.parseIntegerList(body, "productIds");
    if (productIds == null) {
        return ResponseUtil.badArgument();
    }


    Integer checkValue = JacksonUtil.parseInteger(body, "isChecked");
    if (checkValue == null) {
        return ResponseUtil.badArgument();
    }
    Boolean isChecked = (checkValue == 1);


    cartService.updateCheck(userId, productIds, isChecked);
    return index(userId);
}


@PostMapping("delete")
public Object delete(@LoginUser Integer userId, @RequestBody String body) {
    if (userId == null) {
        return ResponseUtil.unlogin();
    }
    if (body == null) {
        return ResponseUtil.badArgument();
    }


    List<Integer> productIds = JacksonUtil.parseIntegerList(body, "productIds");

    if (productIds == null || productIds.size() == 0) {
        return ResponseUtil.badArgument();
    }


    cartService.delete(productIds, userId);
    return index(userId);
}


@GetMapping("goodscount")
public Object goodscount(@LoginUser Integer userId) {
    if (userId == null) {
        return ResponseUtil.ok(0);
```

```
    }

    int goodsCount = 0;
    List<MallCart> cartList = cartService.queryByUid(userId);
    for (MallCart cart : cartList) {
        goodsCount += cart.getNumber();
    }
    return ResponseUtil.ok(goodsCount);
}
```

15.6.3　创建订单模块

商品模块创建好后，创建订单模块 order，创建好后编辑 pom.xml，如
程序清单 15-14 所示。

微课 15-6-3

程序清单 15-14

```xml
<?xml version="1.0" encoding="UTF-8"?>
<project xmlns="http://maven.apache.org/POM/4.0.0"
xmlns:xsi="http://www.w3.org/2001/XMLSchema-instance"
        xsi:schemaLocation="http://maven.apache.org/POM/4.0.0
https://maven.apache.org/xsd/maven-4.0.0.xsd">
    <modelVersion>4.0.0</modelVersion>
    <parent>
        <groupId>com.mall</groupId>
        <artifactId>mall</artifactId>
        <version>1.0</version>
    </parent>
    <groupId>com.mall.order</groupId>
    <artifactId>order</artifactId>
    <version>1.0</version>
    <name>order</name>
    <dependencies>
        <dependency>
            <groupId>org.springframework.cloud</groupId>
            <artifactId>spring-cloud-starter-netflix-eureka-client
</artifactId>
        </dependency>
        <!--Spring Boot MyBatis 依赖-->
        <dependency>
            <groupId>org.mybatis.spring.boot</groupId>
            <artifactId>mybatis-spring-boot-starter</artifactId>
        </dependency>
        <!--Spring Boot PageHelper 依赖-->
```

```xml
        <dependency>
            <groupId>com.github.pagehelper</groupId>
            <artifactId>pagehelper-spring-boot-starter</artifactId>
        </dependency>
        <!--MySQL 连接驱动依赖-->
        <dependency>
            <groupId>mysql</groupId>
            <artifactId>mysql-connector-java</artifactId>
        </dependency>
        <dependency>
            <groupId>com.alibaba</groupId>
            <artifactId>druid-spring-boot-starter</artifactId>
        </dependency>
        <dependency>
            <groupId>com.mall.common</groupId>
            <artifactId>common</artifactId>
        </dependency>
    </dependencies>
</project>
```

把 application.properties 文件的扩展名改为.yml，然后添加程序清单 15-15 所示的配置。这里不再赘述，因为和 common 模块的配置基本一样。

程序清单 15-15

```yaml
server:
  port: 7002
spring:
  application:
    name: order
  datasource:
    druid:
      url: jdbc:mysql://localhost:3306/mall?useUnicode=
true&characterEncoding=UTF-8&serverTimezone=
      Asia/Shanghai&allowPublicKeyRetrieval=true&verifyServerCertificate=false&
useSSL=false
      driver-class-name: com.mysql.cj.jdbc.Driver
      username: mall
      password: mall
      initial-size: 10
      max-active: 50
      min-idle: 10
      max-wait: 60000
```

```
        pool-prepared-statements: true
        max-pool-prepared-statement-per-connection-size: 20
        validation-query: SELECT 1 FROM DUAL
        test-on-borrow: false
        test-on-return: false
        test-while-idle: true
        time-between-eviction-runs-millis: 60000
        filters: stat,wall
eureka:
  client:
    service-url:
      defaultZone: http://localhost:7000/eureka/
pagehelper:
  helperDialect: mysql
  reasonable: true
  supportMethodsArguments: true
  params: count=countSql
mybatis:
  mapper-locations: classpath:mapper/*.xml
```

同样地，直接展示已经配置完成的 order 模块目录，如图 15-22 所示。OrderController 是订单的控制层，用于处理用户提交、查看、取消订单，以及支付、退款等操作。当然，这里只是模拟支付和退款，真正实现的话需要具备企业资质，调用第三方支付提供的相应接口，有兴趣的读者可以去研究。因为订单来自商品或者购物车，所以订单业务的实现离不开商品相关的类，下面的 entity、mapper 和 service 包中便包含商品相关的类，这里不赘述。util 包中存放的是订单相关的工具类，其中 OrderHandleOption 类定义了用户对订单的操作类型，OrderUtil 类定义了订单的状态码，以及生成 OrderHandleOption 对象等方法。

查看用于订单服务的 OrderController 中的方法，如程序清单 15-16 所示。list 方法用于获取订单列表。detail 方法用于获取订单详情。submit 方法用于提交订单。cancel 方法用于取消订单。prepay 方法用于进入支付状态。h5pay 方法用于完成支付。refund 方法用于售后退款退货。confirm 方法用于确认收货。delete 方法用于删除订单。goods 方法用于查询指定商品的订单。checkout 方法用于完成提交订单前的检查核算工作，如收货地址、商品价格、订单费用等。index 方法用于获取主页要显示的订单信息，如待付款、已付款、已收货等信息。

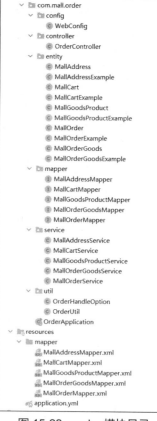

图 15-22　order 模块目录

程序清单 15-16

```java
    @GetMapping("list")
    public Object list(@LoginUser Integer userId,
                       @RequestParam(defaultValue = "0") Integer showType,
                       @RequestParam(defaultValue = "1") Integer page,
                       @RequestParam(defaultValue = "10") Integer limit) {
        return orderService.list(userId, showType, page, limit, "add_time",
"desc");
    }

    @GetMapping("detail")
    public Object detail(@LoginUser Integer userId, @NotNull Integer orderId) {
        return orderService.detail(userId, orderId);
    }

    @PostMapping("submit")
    public Object submit(@LoginUser Integer userId, @RequestBody String body) {
        return orderService.submit(userId, body);
    }

    @PostMapping("cancel")
    public Object cancel(@LoginUser Integer userId, @RequestBody String body) {
        return orderService.cancel(userId, body);
    }

    @PostMapping("prepay")
    public Object prepay(@LoginUser Integer userId, @RequestBody String body,
HttpServletRequest request) {
        return orderService.prepay(userId, body, request);
    }

    @PostMapping("h5pay")
    public Object h5pay(@LoginUser Integer userId, @RequestBody String body,
HttpServletRequest request) {
        return orderService.h5pay(userId, body, request);
    }

    @PostMapping("refund")
    public Object refund(@LoginUser Integer userId, @RequestBody String body) {
        return orderService.refund(userId, body);
    }
```

```
@PostMapping("confirm")
public Object confirm(@LoginUser Integer userId, @RequestBody String body) {
    return orderService.confirm(userId, body);
}


@PostMapping("delete")
public Object delete(@LoginUser Integer userId, @RequestBody String body) {
    return orderService.delete(userId, body);
}


@GetMapping("goods")
public Object goods(@LoginUser Integer userId,
                    @NotNull Integer orderId,
                    @NotNull Integer goodsId) {
    return orderService.goods(userId, orderId, goodsId);
}


@GetMapping("checkout")
public Object checkout(@LoginUser Integer userId, Integer cartId, Integer
addressId, Integer couponId, Integer userCouponId, Integer grouponRulesId) {
    if (userId == null) {
        return ResponseUtil.unlogin();
    }

    // 收货地址
    MallAddress checkedAddress = null;
    if (addressId == null || addressId.equals(0)) {
        checkedAddress = addressService.findDefault(userId);
        // 如果仍然没有地址，则是没有设置收货地址
        // 返回一个空的地址 id=0，这样前端会提醒用户添加地址
        if (checkedAddress == null) {
            checkedAddress = new MallAddress();
            checkedAddress.setId(0);
            addressId = 0;
        } else {
            addressId = checkedAddress.getId();
        }

    } else {
        checkedAddress = addressService.query(userId, addressId);
```

```
    // 如果为 null，则报错
    if (checkedAddress == null) {
        return ResponseUtil.badArgumentValue();
    }
}


// 商品价格
List<MallCart> checkedGoodsList = null;
if (cartId == null || cartId.equals(0)) {
    checkedGoodsList = cartService.queryByUidAndChecked(userId);
} else {
    MallCart cart = cartService.findById(userId, cartId);
    if (cart == null) {
        return ResponseUtil.badArgumentValue();
    }
    checkedGoodsList = new ArrayList<>(1);
    checkedGoodsList.add(cart);
}

BigDecimal checkedGoodsPrice = new BigDecimal(0);
for (MallCart checkGoods : checkedGoodsList) {
    checkedGoodsPrice = checkedGoodsPrice.add(checkGoods.getPrice().
multiply(new BigDecimal(checkGoods.getNumber())));
}


// 订单费用
BigDecimal orderTotalPrice = checkedGoodsPrice.add(new
BigDecimal(0)).subtract(new BigDecimal(0)).max(new BigDecimal(0.00));

BigDecimal actualPrice = orderTotalPrice.subtract(new BigDecimal(0));

Map<String, Object> data = new HashMap<>();
data.put("addressId", addressId);
data.put("couponId", couponId);
data.put("userCouponId", userCouponId);
data.put("cartId", cartId);
data.put("grouponRulesId", grouponRulesId);
data.put("grouponPrice", 0);
data.put("checkedAddress", checkedAddress);
data.put("availableCouponLength", 0);
data.put("goodsTotalPrice", checkedGoodsPrice);
```

```
        data.put("freightPrice", 0);
        data.put("couponPrice", 0);
        data.put("orderTotalPrice", orderTotalPrice);
        data.put("actualPrice", actualPrice);
        data.put("checkedGoodsList", checkedGoodsList);
        return ResponseUtil.ok(data);
    }


    @GetMapping("index")
    public Object index(@LoginUser Integer userId) {
        if (userId == null) {
            return ResponseUtil.unlogin();
        }


        Map<Object, Object> data = new HashMap<Object, Object>();
        data.put("order", orderService.orderInfo(userId));
        return ResponseUtil.ok(data);
    }
```

15.7 创建网关

创建完微服务之后，需要创建一个网关来实现接口的统一访问，创建的方式与第 11 章讲解的方式类似，具体步骤如下。

① 创建一个名为"zuul"的 Spring Boot 项目。并在其 pom.xml 文件中添加 Zuul 依赖，如程序清单 15-17 所示。

微课 15-7

程序清单 15-17

```
<dependency>
    <groupId>org.springframework.cloud</groupId>
    <artifactId>spring-cloud-starter-netflix-eureka-client</artifactId>
</dependency>
<dependency>
    <groupId>org.springframework.cloud</groupId>
    <artifactId>spring-cloud-starter-netflix-zuul</artifactId>
</dependency>
```

② 在 application.yml 中配置端口、Zuul 网关、监控配置等信息，如程序清单 15-18 所示。并且在启动类前添加@EnableZuulProxy 开启 Zuul 网关，如程序清单 15-19 所示。

程序清单 15-18

```
server:
  port: 8000
spring:
  application:
```

```
        name: zuul
eureka:
  client:
    service-url:
      defaultZone: http://localhost:7000/eureka/
zuul:
  routes:
    goods:
      path: /goods/**
      serviceId: goods
    order:
      path: /order/**
      serviceId: order
    user:
      path: /user/**
      serviceId: user
    common:
      path: /common/**
      serviceId: common
```

程序清单 15-19

```
@SpringBootApplication
@EnableZuulProxy
public class ZuulApplication {
    public static void main(String[] args) {
        SpringApplication.run(ZuulApplication.class, args);
    }
}
```

至此，网关与监控的创建就完成了，在前端的页面中按照网关的地址进行访问即可。

本章小结

本章通过使用 Spring Boot 技术和 Spring Cloud 微服务相关核心组件技术实现了电商项目的开发。从项目的背景和功能分析，到系统架构设计和数据库设计，再到项目准备以及使用 Spring Boot 和 Spring Cloud 的各个技术完成注册中心、商品服务、订单服务、网关等模块的搭建，项目搭建完成之后可以使用第 6 章讲解的项目部署将电商项目进行发布和部署，这样就完成了一个综合项目从分析、设计、开发到部署的流程。

本章练习

一、判断题

1. Spring Cloud 和 Spring Boot 的版本无需对应。 （   ）
2. 项目分析阶段不重要。 （   ）

二、简答题

1. 简述一个项目的开发流程。
2. 罗列 Spring Cloud 项目所需要的依赖。

面试达人

面试 1：说一说你在项目开发中碰到过哪些令你印象深刻的问题。

面试 2：说一说你开发过的项目是怎么拆分微服务的。